겉씨식물 바르게 알기
앗! 은행이 열매가 아니라고?!

앗! 은행이 열매가 아니라고?!

겉씨식물 바르게 알기

| 성은숙 |

🔱 전북대학교출판문화원

사랑하는 남편 김용록과 두 아들들 득중과 학중에게
이 책을 감사의 마음으로 바칩니다.

머리말

나는 왜 이 책을 썼는가?

은행나무에 가을이면 노랗게 달리는 고약한 냄새의 은행!
그 은행이 열매가 아니라고?
결론부터 말하면, 은행은 열매가 아니다. 그것은 씨앗이다!!

우리는 지금까지 그것을 은행나무의 열매라고 배웠고 안타깝게도 실제로 간혹 도감에서도 그렇게 명시하고 있다.

대학에서 학생들을 가르치다 보면 안타깝게도 식물을 전공하는 학생에게조차 식물의 가장 기본적인 개념이 정립되어 있지 않은 경우가 있다. 특히 겉씨식물에서는 더욱 그렇다. 식물 교육 현장에서는 물론이고 참고하고자 하는 도감과 책이 잘못된 것을 가르치고 있으니, 식물을 공부하는 학생은 물론이고 식물에 관심 있는 일반인들도 혼란스럽기 그지없다.

이 책은 식물도감은 아니다. 우리나라에서 겉씨식물을 다룰 때 관용적으로 통용되는 그러나 사실은 잘못된 개념과 용어를 바로잡고자 했다. 주변의 겉씨식물의 여러 기관을 올바른 용어로 제대로 불러보자. 차차 겉씨식물을 식별할 수 있는 정확한 눈이 만들어지고, 사람과 공존하고 있는 주변의 나무에 대한 새로운 시각을 갖게 될 것이며, 식물의 놀라운 매력에 빠지게 될 것이다. 이 책을 읽는 모든 사람이 식물 전공자처럼 수목을 잘 식별하는 전문가가 되길 바라는 마음에서 이 책을 쓰는 것은 아니다. 겉씨식물에 대한 가장 기본적인 개념과 용어에 익숙해짐으로써 겉씨식물을 좀 더 잘 이해해 보자.

우리 주변의 길가에 나는 아주 작은 풀부터 숲에서 자라는 큰 나무에 이르기까지 중요하지 않은 식물은 없다. 그러나 세계적으로 가장 크고 가장 놀라운 식물은 역시 나무인 것 같다. 사실 세계적으로 가장 키가 큰 나무의 최고 기록도 가장 나이 많은 나무의 최고 기록도 나자식물이 가지고 있다. 그들은 누구일까? 측백나무과의 '레드우드redwood; *Sequoia sempervirens*'처럼 키가 거의 116미터까지 자랐다거나, 소나무과의 강털소나무Great Basin bristlecone pine; *Pinus longaeva*처럼 생존하고 있는 나무로서 나이가 무려 5천 살 정도라는 것은 매우 인상적이다! 사실 나무가 갖고 있는 놀라운 점들을 어찌 다 열거할 수 있겠는가? 나무의 꽃, 열매, 솔방울, 잎, 줄기 등이 주는 아름다움은 물론이고 나무와 숲이 우리 인간들에게 주는 영감과 치유, 정서적 안정, 기쁨 등 그 가치는 가늠할 수 없을 정도이다. 나무를 포함한 식물들은 지구에 함께 공존하는 우리 인간뿐만 아니라 나머지 생물들에게 식량원이 되어주고, 은신처, 연료, 목재를 제공해 주며, 자신들의 광합성을 통해 부산물로 나온 산소를 제공하고, 이산화탄소를 흡수하지 않는가! 숲 안에 울창하게 자라는 나무들 덕에 수원이 함양되고 있고, 나무들은 홍수가 났을 때 땅의 침식을 막고 조절해 준다. 이 책이 식물의 왕국에 살고 있는 이 거대한 생물, 나무를 특히 '나자식물'을 이해하는 데 조금이라도 도움이 되길 바란다.

혹시 당신은 다음과 같이 말한 적이 있는가?

○ 나는 무궁화 천리포 품종을 키우고 있습니다.
  - 품종이 아니라 재배종입니다. [24쪽 참조]
○ 은행나무 열매 냄새가 고약하지요.
  - 은행나무에는 열매가 없습니다! [57, 62, 65, 121쪽 참조]
○ 소나무 수꽃에서 화분이 엄청 많이 날리네요.
  - 소나무에는 꽃이 없습니다! [57, 60쪽 참조]

자 이제, 편안한 마음으로 함께 숲길을 걸으며 나무들에게 인사를 건네 보자.

2024년 1월
저자씀

일러두기

1. 이 책에 나온 나무의 한글 향명과 국제명인 학명은 국가표준식물목록 개정판(국립수목원, 2017)에 따라 표기하였기 때문에 일부 나무의 이름(향명)은 국립국어원의 표준국어대사전과 다를 수 있다. 또한 국제명인 학명에 일부 수정이 필요한 경우에는 수정했다.

2. 속씨식물이 언급이 될 때는 속씨식물 계통 연구 그룹APG; Angiosperm Phylogenetic Group이 낸 네 번째 분류체계APG IV를 따랐다.

3. 겉씨식물에서 현재 통용되고는 있는 '기존의 잘못된 개념이나 용어'를 '바르게 고친 개념이나 용어'와 비교하는 표를 부록에 따로 두어 독자의 이해를 돕고자 했다.

목차

나무 분류와
나무이름 부르기

1장

나무의 분류

나무는 여러 기준으로 분류할 수 있는데, 먼저 '나무의 키'를 기준으로 해서 큰키나무, 작은키나무, 덩굴나무로 나눌 수 있다.

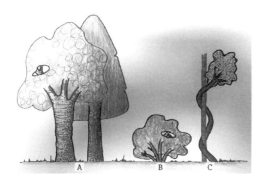

[그림 1-1] 나무의 키를 기준으로 나눈 나무의 분류
A: 교목, B: 관목, C: 만경목

큰키나무(교목)는 여러 해 동안 사는 목본성 식물이고 나무의 중심 줄기가 한 개로 뚜렷하다. 회화나무, 층층나무, 아까시나무[1], 양버즘나무, 느티나무, 백합나무[2], 백목련 등 많은 꽃피는 식물(속씨식물; 피자식물; 被子植物)과 우리 주변에 볼 수 있는 소나무, 개잎갈나무 등 꽃이 없는 식물(겉씨식물; 나자식물; 裸子植物)의 대부분이 여기에 속한다.

작은키나무(관목)는 나무의 키가 보통 작은 편이며 중심 줄기가 한 개가 아니라 보통 여러 갈래로 나온다. 화살나무, 사철나무, 쥐똥나무, 회양목, 개나리, 철쭉, 수수꽃다리 등이 여기에 속한다.

1 　아까시나무(*Robinia pseudoacacia* L.)는 북미 원산으로 우리나라 전국에 식재된 콩과(콩아과) 귀화식물이다. 동요 '과수원길'에서 '동구 밖 과수원길 아카시아 꽃이 활짝 폈네!'와 같이 많은 사람들이 '아카시아' 또는 '아카시아나무'라고 잘못 부르고 있는데, 아카시아(*Acacia*)는 콩과(실거리나무아과 미모사분기)에 속하는 식물로서 여기서 말하는 '아까시나무'와는 전혀 다른 식물이다. 사실 아까시나무의 종소명인 '*pseudoacacia*'는 '가짜 아카시아'라는 의미이다. 아까시나무는 잎자루 밑에 탁엽침 두 개가 발달하는 것이 특징이므로, '아! 까시! 나무!'라고 기억하는 것은 어떨까?

2 　백합나무(*Liriodendron tulipifera* L.)는 국가표준식물목록 개정판(국립수목원, 2017)에 추천명으로 기록되어 있으나, 이 나무의 영어식 향명이 'tulip tree'이다 보니, 흔히 '튤립나무'라고도 부른다.

덩굴나무(만경목)는 목본성이면서 나무의 줄기가 곧게 서서 자라지 않고 다른 나무나 물체를 타고 올라가거나 땅바닥을 기어 자라는 나무이다. 보통 작은키나무로 함께 분류하기도 한다. 등, 칡, 줄사철나무, 으름덩굴, 멀꿀, 노박덩굴, 인동덩굴, 송악, 능소화, 순비기나무[3] 등이 좋은 예이다.

이번에는 나무를 잎이 떨어지는지의 여부로 나눠서 늘푸른나무와 잎지는나무로 구분할 수 있다.

늘푸른나무(상록수)는 우리가 일 년 내내 녹색 잎을 볼 수 있는 나무로서, 우리나라에서는 남부지방에서 자라는 주로 두꺼운 가죽질 잎(혁질; 革質)을 가진 속씨식물과 잎이 선형(線形; linear)으로 좁고 납작하거나 바늘형(침형; 針形, needle like) 등의 잎을 가진 겉씨식물의 대부분이 여기에 속한다.

하지만 남천의 예처럼 같은 나무라도 자라는 곳의 토양 조건, 온도, 기후 등에 따라 상록성 또는 낙엽성의 특징을 보일 수도 있기 때문에 반상록수로 구분하는 나무도 있다. 늘푸른나무로서 속씨식물(꽃피는 식물)로는 사철나무, 굴거리나무, 동백나무, 태산목, 가시나무, 식나무, 까마귀쪽나무, 붓순나무, 비파나무 등이 있고, 겉씨식물(꽃이 없는 식물)로는 소나무, 주목, 비자나무, 잣나무, 독일가문비, 스트로브잣나무, 전나무, 편백, 화백, 개잎갈나무[4] 등이 있다.

잎지는나무(잎가는나무; 낙엽수)는 잎이 계절의 변화와 함께 떨어졌다가 식물이 왕성하게 성장하는 봄에 잎이 새로 나는 나무이며, 잎이 주로 얇은 막질의 경우가 여기에 속한다. 잎지는나무로서 속씨식물로는 무궁화, 벽오동, 딱총나무, 붉나무, 옻나무, 사과나무,

---

3 순비기나무(*Vites rotundifolia* L. fil.)는 꿀풀과에 속하는 낙엽 덩굴나무이고 바닷가 모래밭에서 짠물에도 잘 자라는 기특한 식물이다. 오래된 줄기는 직경이 5 cm 정도까지 되기도 하지만 보통으로는 어른 손가락 굵기의 줄기가 뻗어난다.

4 개잎갈나무(*Cedrus deodara* G. Don)는 국가표준식물목록 개정판(국립수목원, 2017)에 추천명으로 기록된 이름이며, 히말라야(아프가니스탄)가 원산지라서 흔히 '히말라야시다'라고 불리는 종으로 한국에서도 많이 식재하는 소나무과 상록식물이다. 파키스탄의 국가 나무로도 알려져 있다.

아그배나무, 싸리, 다릅나무 등이 있고, 겉씨식물로는 잎갈나무[5], 낙우송, 메타세쿼이아 등이 있다.

[사진 1-1] 솔방울(종구)
솔방울은 소나무류의 열매가 아니라 종구(種毬)이다.
'구과(毬果)'는 '둥근 열매'라는 의미이므로 적절한 용어가 아니다.

이젠 나무를 '꽃(열매)'이 있는지의 여부로 나눌 수 있는데, 겉씨식물과 속씨식물이다. 꽃과 열매가 없는 나무는 겉씨식물이다. 꽃이라는 생식 구조가 없으므로 씨방 없이 밑씨^{배주; 胚珠}가 자라 씨앗^{종자; 種子}으로 성숙하는 식물이다. 씨앗이 겉으로 나와 있다는 의미로 '겉씨식물'이라고 한다. 속씨식물에서 씨방이 자라거나 또는 씨방과 그 주변의 구조가 함께 자라서 열매가 되는데, 겉씨식물은 씨방이 없으므로 열매도 없다! 흔히 많은 사람들이 솔방울을 '소나무의 열매'라고 하거나 '구과(毬果; 둥근 열매라는 의미)'라고 잘못

---

5   우리가 옷을 갈아입는 것처럼, 나무가 잎을 간다는 의미로 지어진 것으로, 나무 이름이 이미 낙엽수임을 나타내고 있다.

부른다. 이것은 '종구(種毬; cone)'[6]라고 하며, 뒤에서 좀 더 자세히 다루기로 한다. '열매'가 아닌 '종구'를 내는 식물로는 소나무, 곰솔, 백송, 잣나무, 전나무, 편백, 화백, 개잎갈나무, 낙우송 등이 주변에서 볼 수 있는 좋은 예이다. 따라서 이들은 '구과식물[毬果植物]'이 아니라 '종구식물[種毬植物]'이라고 불러야 바르다.

주변에서 볼 수 있는 나자식물의 종구 몇 가지를 모으면 다음과 같다.

|곰솔|측백나무(어린 종구)|서양측백(어린 종구)|
|개잎갈나무|울릉솔송나무(어린 종구)|구상나무|

[사진 1-2] 겉씨식물의 몇 가지 종구(種毬; cone)
이 종구들을 열매라고 부르지 않도록 유의하자.

꽃과 열매가 있는 식물은 속씨식물이다. 생식 구조로서 꽃이 있고 씨방 안에 있는 밑씨 (배주)가 자라 씨앗(종자)으로 성숙하는 식물이기 때문에, 씨앗이 씨방(열매)속에 들어가

---

6   종구(種毬; cone)는 원예 용어인 종구(種球; seed bulb)와 한글로는 똑같이 '종구'이지만 여기서 '구'에 해당하는 한자가 다르다! 후자인 원예 용어 종구(種球)는 마늘처럼 구근으로 번식하는 작물의 씨를 의미하므로 유의할 필요 가 있다.

있다는 의미로 '속씨식물'이라고 한다. 무궁화, 느티나무, 단풍나무, 참느릅나무, 보리수나무, 미선나무, 배롱나무[7], 모과나무, 장구밥나무, 매실나무 등이 속한다.

핵과(느티나무)	협과(박태기나무)	시과(참느릅나무)
시과(복자기)	장과(청미래덩굴)	삭과(칠엽수)
수과(양버즘나무)	삭과(개오동)	골돌과(태산목)

[사진 1-3] 속씨식물의 몇 가지 열매

---

7   간혹 부처꽃과의 배롱나무(*Lagerstroemia indica* L.)를 '백일홍나무' 심지어는 '백일홍'이라고 잘못 부르는 사람이 있다. 백일홍(*Zinnia elegans* Jacq.)은 화단에 많이 심는 멕시코에서 온 국화과의 초본식물로서 이 식물도 배롱나무처럼 개화기가 긴 것으로 알려져 있다.

나무이름 부르는 방법

나무이름은 어떻게 부를까? 향명이나 학명으로 부를 수 있다.

한 국가나 지방 등 제한된 지역 내에서 소통하기 쉽게 일반적으로 부르는 이름을 향명鄕名이라고 한다. 예를 들어 '무궁화', '아까시나무', '구상나무', '울릉솔송나무[8]' 등이 한국식 향명이며, 영어권의 경우에는 각각을 순서대로 'rose of Sharon', 'black locust', 'Korean fir', 'Ulleungdo hemlock'이라고 한다. 향명은 일상의 대화나 글에서 흔히 사용되는 이름이기 때문에 이해하고 기억하기에 쉽기는 하지만 같은 나무라도 지역이나 지방에 따라 다르게 부르는 경우가 있어 혼란을 초래하기도 한다. 예를 들어, 무환자나무과(단풍나무아과)의 '복자기'를 어느 곳에서는 '나도박달'이라고 부르기도 한다.

우리는 향명으로 나무이름을 부를 때 콩과의 덩굴식물 '등'이나 '칡'처럼 외자인 경우도 있지만 반면에 상당히 긴 이름을 만날 수 있다. 그렇다면 어느 음절에서 띄어 써야 할까? 답은 '아예 띄어 쓰지 않는다!'이다. 예를 들어 중국 원산의 측백나무과 '넓은잎삼나무'의 경우에 한글맞춤법에 따라 '넓은 잎 삼나무'라고 쓰지 않고 한 단어로 쓴다는 의미이다. 그 말은 '털오갈피나무', '참나무겨우살이', '가는잎조팝나무', '넓은잎까치밥나무', '좀잎산오리나무' 등에서도 마찬가지라는 말이다.

식물의 이름을 부를 때 원활하고 정확한 소통과 연구를 위해 전 세계적으로 약속된 국제명이 필요한데 그것을 학명學名이라고 한다. 우리가 매일 사용하는 일반 생활어는 시간이 흐르면서 발전하거나 변화하므로, 나무의 학명은 생활영역을 벗어난 죽은 말(사어; 死語)인 라틴어를 채택해 쓴다. 새로운 식물의 이름을 학명으로 이름을 줄(명명할) 때는 국

8　지금까지 솔송나무라고 부르던 나무는 이제 울릉솔송나무(국립수목원, 2017)라고 부른다.

제조류균류식물명명규약[9]의 규정에 따라 정기준표본[10]이 지정되고 유효하게 출판되어야 한다. 이 규약은 6년마다 열리는 세계 식물 총회에서 참가국의 의결을 거쳐 수정되고 공표된다.

학명은 이명법binomial system으로 쓰여 두 개의 단어 즉, 속명과 종소명으로 구성된다. 첫 자를 대문자로 쓰고 나머지는 소문자로 쓰는 속명을 쓰고, 소문자로 이뤄지는 종소명을 두 번째에 쓰고 그 뒤에 명명한 사람의 이름 즉 명명자를 붙인다(표 1-1). 여기서 속명은 보통으로 명사형이고 종소명은 일반적으로 형용사형이다. 표기할 때는 속명과 종소명을 모두 오른쪽으로 기울여 쓰고 명명자는 정자로 세워서 쓴다. 이런 이명법은 스웨덴의 박물학자이며 식물학자였던 Carl Linnaeus(1707~1778)가 쓰기 시작하여 오늘날에 이른다 (Cronquist, 1982).

대한민국의 국화인, '무궁화Hibiscus syriacus L.'를 예로 들어서 학명을 보면 다음과 같다.

[표 1-1] 무궁화의 학명 구조

Hibiscus	*syriacus*	L.
속명	종소명	명명자(무궁화는 Linnaeus가 명명함)

무궁화를 학명과 학명으로 표기하여 정리하면 다음과 같다(표 1-2).

[표 1-2] 무궁화의 학명과 향명 표기

무궁화	한글 향명
rose of Sharon	영어 향명
Hibiscus syriacus L.	학명

나무의 학명은 린네가 1753년에 발표한 '식물종Species Plantarum'에 있는 학명을 시작으로

9 　국제조류균류식물명명규약(國際藻類菌類植物命名規約; International Code of Nomenclature for algae, fungi, and plants; ICN)은 조류, 균류, 식물로 취급되는 모든 생물군에 주어지는 공식적인 학명을 다루는 규약이다. 2011년 7월 이전에는 국제식물명명규약(International Code of Botanical Nomenclature; ICBN)이라고 불렀다.

10 　정기준표본(holotype): 식물 명명자가 학명을 만들 때 기준으로 사용한 표본으로 단일 표본이다.

해서 선취권이 주어진다. 이후에 발표된 나무의 학명은 같은 나무에 대해 가장 먼저 유효하게 발표된 것이 학명으로서 선취권을 갖게 된다. 즉, 이상적으로 또는 이론적으로 하나의 나무에 단 하나의 학명만이 있어야 하지만, 명명의 체계가 잡히기 전부터 학명을 주었기 때문에 한 나무에 여러 개의 학명이 있는 경우도 많아 혼란스러울 때가 있다. 인터넷 검색창에 식물의 학명을 찾기 위해서 이름을 입력했다가 여러 개의 학명이 검색이 되어 당황했던 경험이 한 번 정도는 있을 것이다. 선취권을 갖는 학명 하나가 정학명이고 나머지는 이명synonyms이다.

한 번 명명이 된 나무의 학명은 당연히 영원불변한 것이 아니라 새로운 연구 결과를 통해 역동적으로 변경될 수 있다. 한 예로서 차나무가 있다. 차나무의 학명은 과거에 린네가 'Thea sinensis L.'로 명명했으나 지금은 'Camellia sinensis (L.) Kuntze'이다. 명명자를 보면 처음에 린네(L.)가 명명했던 것을 나중에 Kuntze가 'Thea'속에서 'Camellia'속(동백나무가 속한 그룹)으로 개명한 것을 알 수 있다.

학명의 명명자는 무궁화에서처럼 한 명일 수도 있지만 어떤 종은 여러 명일 수 있는데, 소나무 학명Pinus densiflora Siebold & Zucc.처럼 두 명일 수 있다. 소나무는 'Siebold'와 'Zuccarini'가 공동으로 명명했다. 여기서 '그리고'라는 의미의 '&' 대신에 같은 뜻의 라틴어 'et'로 적을 수도 있다. 또한 울릉솔송나무Tsuga ulleungensis G.P.Holman, Del Tredici, Havill, N.S.Lee & C.S.Campb.에서처럼 명명자가 여러 명일 수 있다. 소나무류 중에 미국에서 자생하는 멸종 위기종인 'Pinus torreyana Parry ex Carr.'는 명명자 내 'ex'가 있다. 이것은 'Parry'가 이 종을 발견해서 표본에 이 이름을 썼지만 유효하게 출판하지 않았고 나중에 'Carrière'가 설명과 함께 학명을 유효하게 출판했다. 여기서 둘 중 하나만 써야 한다면, 유효하게 출판한 'Carrière'만 쓰게 된다.

주변에서 자라고 있는 나무의 학명을 알아보기 위해 책이나 온라인 자료를 찾아보면 한 나무에 대해서 자료 제공자에 따라 다르게 나타내고 있는 경우가 많다. 이는 학명에 대한 원전을 확인하지 않고, 기준표본에 대한 정보도 예전에 일본 학자들이 정리한 오류를 그대로 옮겨 적어 여전히 한국 내에서 잘못된 학명을 재생산하는 악순환이 지속되기 때문이다. 근래에는 'International Plant Names Index(https://ipni.org/)와 같은 믿을 만한 몇 가지 국제적인 온라인 색인 확인이 가능하게 되어 그나마 다행이다.

식물의 분류학적 단위를 분류군이라고 하며, 가장 기본이 되는 분류군이 종種이다. 겉씨식물이며 한국 특산종인 '구상나무'를 한 예로 보자. 이 구상나무는 전나무, 분비나무 등이 속한 전나무속Abies이라는 그룹에 들어가고 전나무속(젓나무속)은 다른 여러 속(소나무속, 잎갈나무속, 솔송나무속 등)과 함께 소나무과Pinaceae라는 더 큰 그룹에 들어간다.

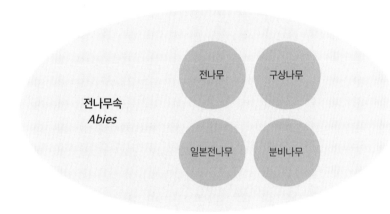

[그림 1-2] 소나무과 전나무속에 속한 나무들

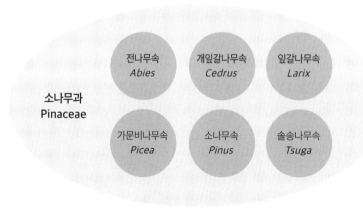

[그림 1-3] 소나무과에 속한 속들

여기서 각각의 그룹별 이름을 분류 계급 또는 분류군이라고 하며, 작은 그룹부터 큰 그룹으로 나열해보면 '종 - 속 - 과 - 목 - 강 - 문 - 계'이다. 종 위로 오는 그룹을 '종상위 분류군'이라고 하고, 종 밑으로 오는 분류군을 '종하위 분류군'이라고 하며, 여기에는 아종subsp. 또는 ssp., 변종var., 아변종subvar., 품종for. 또는 f., 아품종subfor. 또는 subf., 재배종cv. 또는 재배종 이름 양쪽에 단 따옴표(' ')이 포함된다.

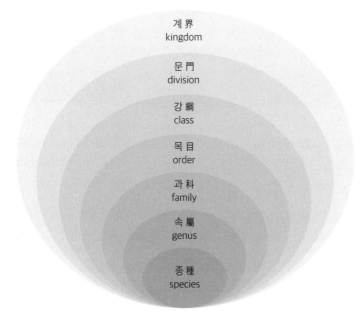

[그림 1-4] 식물의 분류계급

우리 주변에서 흔히 볼 수 있는 '반송'은 품종이라는 종하위 분류군의 좋은 예가 될 수 있다. 즉, 소나무과의 소나무Pinus densiflora Siebold et Zucc.는 기본종이고, 그 것의 품종으로서 반송P. densiflora f. multicaulis Uyeki이 있는 것이다. '재배종'과 '품종'을 혼돈하지 않도록 해야 한다.

변종의 예를 꿀풀과에서 한 가지 들어 보자. 누리장나무Clerodendrum trichotomum Thunb.는 기본종이고, 이 누리장나무의 변종으로서 민누리장나무C. trichotomum var. fargesii Rehder가 있다.

무궁화의 재배종을 예로 든다면, 무궁화 '천리포'Hibiscus syriacus 'Chollipo', 무궁화 '전북 1'H. syriacus

'Jeonbuk 1', 무궁화 '새아침'*H. syriacus* 'Saeachim', 무궁화 '한마음'*H. syriacus* 'Hanmaeum', 무궁화 '헬레네'*H. syriacus* 'Helene' 등 수많은 재배종이 있다(국립수목원, 2011, 2016). 이것들을 품종^{品種}이라고 부르는 오류를 범하지 않도록 해야 할 것이다. 이들 종은 모두 재배종^{栽培種}이다!

[사진 1-4] 무궁화의 재배종 중 하나인 무궁화 '헬레네'(*Hibiscus syriacus* 'Helene')

　식물의 교잡종은 두 개의 서로 다른 종이 교잡되었다는 것을 의미한다. 이의 표시는 기호 '×'를 사용하는데, 같은 속 내 서로 다른 종의 교잡종의 한 예로는 자연교잡종인 은사시나무가 있다. 이는 사시나무와 은백양의 교잡종이다. 은사시나무의 학명은 '*Populus* × *tomentiglandulosa* T. B. Lee'이다. 흔하지 않지만, 서로 다른 속에 있는 종들의 교잡종이 일어나는 경우가 있는데, 한 예로서 측백나무과의 '× *Cupressocyparis*'가 있다. 이는 두 속의 교잡 즉, '*Chamaecyparis* × *Cupressus*'를 의미한다.

[사진 1-5] 천리포수목원에서 자라고 있는 '× *Cupressocyparis*' 나무들
윗줄: × *Cupressocyparis leylandii*, 아랫줄: × *Cupressocyparis leylandii* 'Gold Rider'

겉씨식물 바르게 알기, 앗! 은행이 열매가 아니라고?!

2장

나무의 구조

나무의 부피생장

　우리는 어떻게 어떤 식물은 풀, 어떤 식물은 나무라고 나눌 수 있을까? 나무는 풀과는 다르게 줄기와 뿌리가 성장해서 키가 자라는 길이생장[1]뿐만 아니라 줄기의 부피가 커지는 부피생장을 한다. 이 생장에서 목재라고 하는 딱딱한 부위가 만들어지기 때문에 나무를 목본식물이라고도 부른다. 예를 들어, '배롱나무'는 나무이고 '백일홍'은 풀이다. 또한 '백합나무(튤립나무)'는 나무이고 '튤립'은 풀인 것이다. 작약과에 있는 모란과 작약의 경우를 보면, '모란'은 지상 위에 목본 줄기가 있고 봄에 그 줄기에서 어린가지가 나오는 목본식물이지만, '작약'은 새봄에 땅에서 붉은 새순이 나오는 초본식물인 것이다.

[사진 2-1] 목본인 백합나무(튤립나무)(좌)와 초본인 튤립(우)

1　식물이 길이생장(신장생장)을 할 수 있는 이유는 식물의 줄기 끝이나 뿌리 끝에 있는 정단 분열 조직이 있기 때문이다. 나무의 줄기나 가지에 있는 눈(bud)은 분열조직으로서 나중에 순이 되어 나무의 길이가 길어지고, 눈이 분열해서 영양기관인 잎이 되기도 하고 꽃과 같은 생식기관이 되기도 한다.

나무는 자신이 자라는 곳에서 다른 식물과의 경쟁에서 살아남기 위해 딱딱하면서 두꺼운 목질부분을 만들어 냈을 것이다. 엄마가 선반 위에 올려놓은 과자봉지를 내리려고 키 작은 어린아이가 까치발을 하고 손을 위로 쭉 뻗는 것처럼, 나무는 광합성을 통해 성장에 필요한 포도당을 만들기 때문에 햇빛을 차지하려는 경쟁에서 이기려고 자신의 키를 키웠을 것이다. 그러나 위쪽으로 키만 계속 커진다면 자신의 몸을 똑바로 서도록 지탱할 수 없으므로 목질부의 발달이 필요했던 것이다. 부피생장이 없이는 튤립이 튤립나무처럼 '나무'가 될 수 없는 것이다.

[그림 2-1] 속이 빈 살아있는 레드우드

 목질부는 식물체가 신장생장 후에 두께를 증가시키는 새로운 분열 조직(측재 분열 조직)으로 구성되는데, 여기에는 관다발 형성층(관다발 부름켜)과 코르크 형성층이 있다. 관다발 형성층은 관다발을 만드는 분열 조직 세포가 나무줄기 가장자리에 띠 모양으로 배열되어 있다. 살아 있는 나무의 줄기 가장자리 가까이에 있는 얇은 세포층이 분열을 거듭하여 2기 물관부(물과 무기 물질 수송)와 체관부(유기 물질 수송)를 만들어 내는 것이다. 이와 같은 이유에서 속(나무의 심재 부분)이 비어 있으나 살아있는 나무가 있을 수 있는 것이다. 우리나라 시골 마을숲에 가면 고목 중에서 이런 나무를 간혹 관찰할 수 있다. 미국 캘리포니아 주에 가면 속이 비어 있으나 여전히 살아 있는 세쿼이아속 레드우드redwood와 같은 거대한 나무를 꽤 많이 만날 수 있다.

 식물 중에서 키가 커지는 1기 생장에 이어 부피를 늘리는 2기 생장이 없으면 풀이라는 것인데, '대나무'는 과연 나무일까 풀일까? 식물학적으로 대나무는 풀이다. 대나무는 벼과에 속하며, 길이생장은 하지만 2기 생장인 부피생장(2차 목부)이 없기 때문이다. 하지만 생물 중에서도 동물인지 식물인지조차 구분하기 어려운 것이 있는 것처럼, 생태계에서 공존하고 있는 모든 생물이 우리가 만들어 놓은 방법이나 기준으로 꼭 나눠지지는 않을 수 있다는 것을 기억하자.

목재와 나무껍질

어디부터 나무껍질(수피)일까? 관다발 형성층 안쪽으로 생긴 모든 세포가 2기 물관부를 형성하는데, 흔히 우리가 목재라고 부르며 이는 심재와 변재를 모두 포함해서 이르는 말이다. 나무를 베었을 때 중앙 부분의 마르고 비교적 어둔 색의 목재가 심재이고, 가장자리의 아직 물기(수액)가 있고 비교적 색이 환한 부분이 변재이다. 관다발 형성층 바깥으로 생긴 모든 조직은 '나무껍질(수피)'이라고 하며 2기 체관부와 코르크 형성층, 코르크를 아우르는 말이다. 나무 줄기를 횡단했을 때 중앙에서 바깥쪽으로 가는 순서대로 각 부분을 정리하면, '심재 - 변재 - 관다발 형성층 - 2기 체관부 - 코르크 형성층 - 코르크' 순이다.

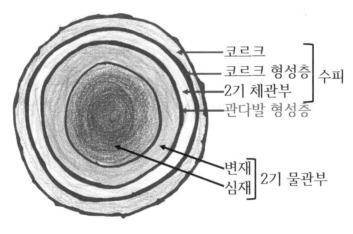

[그림 2-2] 나무의 단면

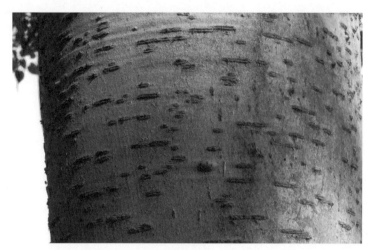

[사진 2-2] 가로줄로 달리는 경향의 모양을 보이는 버드나무과 이나무의 피목

　나무껍질의 코르크층의 일부가 터져서 나무 안과 밖의 가스가 교환이 되도록 하는데 이를 껍질눈(피목)이라고 한다. 나뭇잎에서는 기공을 통해 숨을 쉰다면 줄기나 가지에서는 껍질눈을 통해 숨을 쉰다고 할 수 있겠다. 껍질눈으로 생긴 나무껍질 특징은 나무를 식별하는데도 도움이 될 수 있다. 예를 들어 장미과의 벚나무류나 버드나무과의 이나무의 수피는 가로줄로 달리는 경향의 모양을 보이고 버드나무과의 은사시나무의 경우에 마름모꼴 껍질눈이 특징이다.

3장

나무의 영양기관

나무의 영양 기관營養 器官에는 나무의 잎, 줄기, 뿌리가 해당된다. 이는 나무의 생식生殖 기관에 맞서는 말로서, 나무의 키나 부피 등이 자라는데 관여하는 기관이다. 여기에서는 영양 기관으로서 주로 잎과 줄기를 중심으로 알아보도록 하자.

나무의 잎은 태양의 빛에너지를 이용해서 나무 자신의 신진대사와 성장 등에 필요한 음식인 포도당을 만들어 내는 광합성이라는 중요한 역할을 담당한다. 식물의 광합성 부산물로 나오는 '산소' 덕에 우리 인간을 포함한 지구상의 거의 모든 생명체가 숨 쉬며 살고 있다는 것을 새삼 떠올려 보며 잎에 대해 잠깐 알아보자.

잎이 나무가 필요한 영양분을 만들어 내는 기관이라는 말은 잎이 없이는 나무가 살아가기 어렵다는 의미이다. 또한 잎은 생식기관(꽃, 열매, 종구(예: 솔방울), 씨앗)보다 나무에 비교적 오랫동안 남아 있는 경우가 많기 때문에 나무를 분류하고 식별할 때 열쇠가 되는 훌륭한 특징들을 보여준다. 일단 속씨식물의 일반화된 잎과 각 부위 명칭을 보면 다음 그림 3-1과 같다.

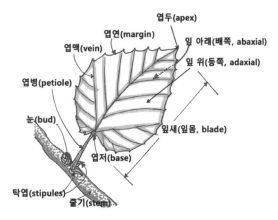

[그림 3-1] 속씨식물의 일반화된 잎의
각 부위 명칭(성은숙, 2019)

잎의 각 부위로는 잎끝(엽두), 잎밑(엽저), 잎자루(엽병), 무엽병(잎에 잎자루가 없는 경우), 잎 가장자리(엽연)이 있다. 엽연은 거치가 없는 전연全緣이거나, 뾰족한 톱니가 있는 예거치銳鋸齒, 둔한 톱니가 있는 둔거치鈍鉅齒 등 다양한 거치가 종에 따라 특징을 보인다.

잎의 윗면adaxial surface은 줄기나 가지를 축으로 하여 붙어 있는 잎의 등쪽을 가리키는 말이고, 잎의 아랫면abaxial surface 배쪽을 이르는 말이다. 그림 3-2에서처럼 잎뿐만 아니라 소포자엽, 열매 등 다양한 부위에서도 윗면, 아랫면이라는 용어가 사용된다.

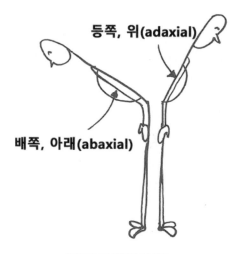

[그림 3-2] 위쪽과 아래쪽
두 사람이 등을 맞대고 서있는 경우에서처럼, 축(그림에서 다리)을 중심으로 해서 등쪽(위쪽)과 배쪽(아래쪽)

탁엽托葉은 턱잎이라고도 부르며, 식물의 종에 따라 다양한 모양과 크기로 나오며, 종에 따라 처음에는 있다가 나중에 떨어져 버리기도 하고, 계속 남아있기도 하며, 아까시나무처럼 탁엽이 가시로 변했거나 청미래덩굴이나 청가시덩굴처럼 탁엽이 덩굴손으로 변했기도 하고, 탁엽이 아예 없는 종도 있다.

잎이나 열매 등에서 등쪽과 배쪽의 개념을 이해하기 위해서는 두 사람 이상이 등을 맞대고 밖을 바로 보고 서있다고 가정하고 각자 자신의 앞으로 허리를 구부린다고 생각해 보면 쉽게 이해할 수 있다. 사람의 등쪽이 위쪽에 해당되며, 사람의 배쪽이 아래쪽에 해당이 된다. 그림 3-2에서 사람의 다리가 축이며, 각 사람이 자신의 앞쪽으로 구부리는 각

도는 중요하지 않다. 이런 개념은 가지에 달리는 잎에서 뿐만 아니라 솔방울과 같은 나자식물의 종구(種毬; cones)에서도 그리고 태산목의 골돌과와 같은 피자식물의 열매 등에서도 그대로 적용이 된다.

나무의 잎은 많은 햇빛을 흡수하는 것은 물론이고 효과적인 증산 작용[1]을 하기 위해 그 모양이 다양하게 변형하여 자신이 자라는 환경에 적절하고 능동적으로 대처한다. 나무 잎의 모양은 가장 기본적으로는 달걀형(난형), 거꿀달걀형(도난형), 타원형, 직사각형 모양으로 길어진 장타원형이 있으며, 조금 더 세분화하면 다음과 같다(그림 3-3).

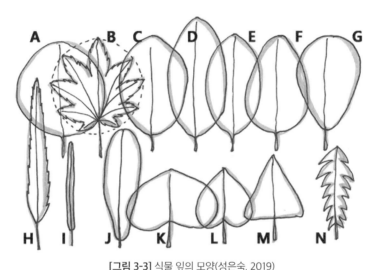

[그림 3-3] 식물 잎의 모양(성은숙, 2019)
A와 B: 원형(圓形), C: 광타원형(廣橢圓形), D: 장타원형(長楕圓形), E: 타원형(楕圓形),
F: 난형(卵形), G: 도난형(倒卵形), H: 피침형(披針形), I: 선형(線形),
J: 주걱형, K: 신장형(腎臟形), L: 심장형(心臟形), M: 삼각형(三角形), N: 민들레형

앞서 알아본 것은 대부분 피자식물의 잎 모양을 이르는 것이다. 나자식물의 잎에 관해 한 번 짚고 넘어가보자. 많은 사람들이 나자식물은 곧 침엽수針葉樹라고 여기는 경우가 있다. 따라서 나자식물의 엽형은 모두 침엽이라고 생각하는 오류를 범하고 있다. 부채형 잎

---

1 나무 안의 수분이 수증기가 되어 잎의 표피에 있는 작은 구멍인 기공을 통해 나무의 몸밖으로 배출되는 작용이며, 기공은 현미경으로 관찰할 수 있는 작은 크기이며 공변세포에 의한 개폐로 증산작용이 조절된다.

을 갖는 은행나무가 나자식물이지만 침엽수일리가 없고, 선형線形 잎을 갖는 낙우송이나 주목이 침엽수일리가 없다! 나자식물의 많은 식물의 잎이 소나무처럼 침엽인 것은 맞지만 모두 그런 것은 아니라는 것이다!

영어의 'conifers'는 종구種毬식물 암 생식기관인 'cone'에서 나온 말로서, 종구를 맺는 식물, '종구식물'이란 의미이다(성은숙, 2018). 이것을 '나자식물' 또는 '침엽수'라고 잘못 번역하는 오류로 인해 많은 혼란을 가져왔다. 나자식물의 잎은,

    ○ 은행나무처럼 부채형,

    ○ 전나무, 개비자나무, 낙우송, 메타세쿼이아처럼 선형,

    ○ 향나무의 어린잎이나 삼나무 잎에서처럼 잎의 밑 부분은 지름이 넓고 윗부분이 송곳처럼 뾰족해지는 송곳형,

    ○ 향나무의 성장한 잎이나 편백과 측백나무의 잎처럼 인형,

    ○ 소나무나 개잎갈나무처럼 침형 등으로 구분될 수 있다.

| 전나무 선형 | 개비자나무 선형 | 삼나무 송곳형 |
| 은행나무 부채형 | 곰솔 침형 | 백송 침형 |

[사진 3-1] 몇 가지 겉씨식물의 잎

현존하고 있는 '종구식물'에는 '소철목', '은행나무목', '네타목'을 제외한 나머지 나자식물이 속한다. 즉, 소나무과, 측백나무과(낙우송과는 측백나무과와 하나로 통합됨), 금송과, 나한송과, 아라우카리아과, 개비자나무과, 주목과의 식물이 종구식물이다.

따라서 모든 나자식물의 엽형은 일관적으로 침형이 아니다. 송곳형과 침형은 둘 다 침형이라고 넓게 묶어 말할 수도 있겠지만, 선형과 침형은 잘 구분할 필요가 있다. 예를 들어, 잣나무의 엽형은 침형이지만, 전나무나 구상나무의 엽형은 침형이 아니라 선형이다.

또한 '종구種毬식물의 잎에서는 복엽이란 없다'는 것을 기억해야 한다. 특히 낙우송이나 메타세쿼이아의 잎에서 오해가 있다. 이들의 잎을 마치 피자식물의 우상복엽으로 여기는 사람들이 있다. 하지만, 일반인이 복엽의 엽축으로 오해하고 있는 것이 사실은 나무의 잔가지이고, 소엽으로 오해하고 있는 것이 사실은 선형으로 된 홑잎(단엽)이다.

[사진 3-2] 메타세쿼이아의 대생하는 잔가지와 대생하는 잎(눈을 관찰할 수 없는 시기)

[사진 3-3] 메타세쿼이아에서 눈을 관찰할 수 있는 잔가지가 대생

[사진 3-4] 대생하는 메타세쿼이아 선형 잎
눈을 관찰할 수 있는 가지 두 개(왼쪽)와
관찰할 수 없는 가지 한 개(오른쪽)

나무는 잎 가장자리에 톱니 모양인 거치(예: 느티나무 잎 가장자리)를 만들거나 잎이 갈래가 지는 결각(예: 단풍나무 잎의 갈래)을 왜 만들었을까? 잎의 가장자리가 깊게 갈라지거나 거치를 만들어 내면 잎 가장자리는 매끈한 잎보다 훨씬 더 길어지는 효과를 얻을 수 있기 때문이다! 단풍나무는 복예거치의 잎 가장자리를 가지고 있는 영리한 종이다! 잎 모양의 발달은 나무가 자라고 있는 환경의 빛, 습도 등의 영향을 받으며 그 차이가 만들어 진다는 것을 알 수 있다. 식물 잎 가장자리의 특징은 거치가 있는지 없는지가 기본이며, 거치가 있다면 어떤 거치가 있는지에 따라 다양하게 구분할 수 있다(그림 3-4).

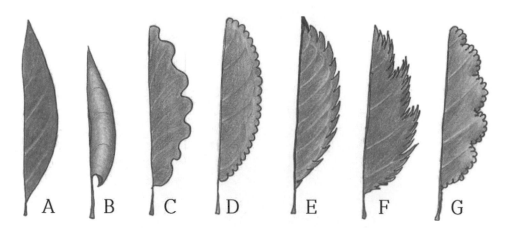

[그림 3-4] 식물 잎 가장자리의 특징

A: 전연(全緣): 매끈한 가장자리(예: 배롱나무, 태산목, 광나무)
B: 반곡(反曲): 가장자리가 뒤로 구부러짐(예: 돈나무, 소철)
C: 파상(波狀): 가장자리가 물결 모양(예: 참나무류)
D: 둔거치(鈍鋸齒): 무딘 톱니 모양(예: 담팔수, 사철나무)
E: 예거치(銳鋸齒): 날카롭고 예리한 톱니가 있는 가장자리(예: 낙상홍, 푸조나무, 느티나무, 벚나무류)
F: 복예거치(複銳鋸齒): 날카로운 각 톱니가 다시 더 작은 톱니로 갈라진 모양(예: 느릅나무, 명자꽃)
G: 복둔거치(複鈍鋸齒): 무딘 각 톱니가 다시 더 작은 톱니로 갈라진 모양(예: 칠엽수)

식물의 잎에 가장 뚜렷하게 중앙에 나있는 맥을 '중앙맥(주맥)' 또는 '1차맥'이라고 하며, 이 맥으로부터 분지되어 나오는 맥을 '2차맥'이라고 한다.

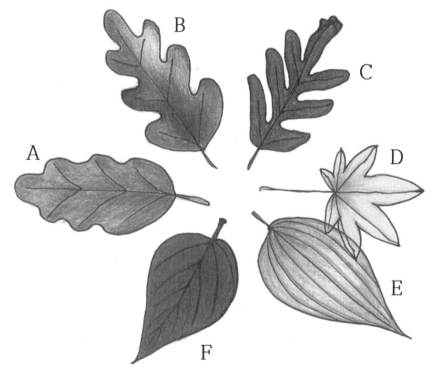

[그림 3-5] 식물의 엽맥과 결각이 있는 잎의 특징
A: 천열(淺裂): 엽연에서 1/3정도 결각이진 경우
B: 중열(中裂): 엽연에서 1/2정도 결각이진 경우
C: 심열(深裂): 엽연에서 1차맥에 가까이 깊게 결각이진 경우(예: 대왕참나무)
A, B, C, F: 우상맥(羽狀脈): 주맥 좌우로 2차맥이 새의 깃 모양으로 남(예: 느티나무, 벚나무류)
E: 평행맥(平行脈): 잎자루로부터 잎끝까지 맥들이 비교적 나란히 늘어섬(예: 청미래덩굴, 청가시덩굴)
D: 장상맥(掌狀脈): 잎밑에서 여러 개의 주맥이 나와 손바닥 모양으로 됨(예: 단풍나무류)

엽두는 요두^{凹頭}, 예두^{銳頭}, 둔두^{鈍頭}, 점첨두^{漸尖頭}, 평두^{平頭}, 원두^{圓頭} 등으로 나눌 수 있다.

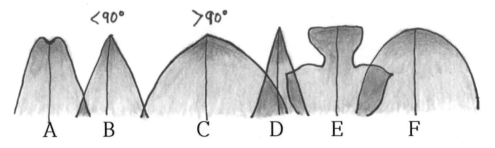

[그림 3-6] 나무의 일반적인 엽두의 특징(성은숙, 2019)
    A: 요두: 잎이 끝이 오목하게 들어감
    B: 예두: 잎끝이 90도 이하로 뾰족함
    C: 둔두: 잎끝이 90도 이상 둔각으로 둥그스름함
    D: 점첨두: 잎끝이 길게 점점 뾰족해짐
    E: 평두: 잎끝이 평평함(예: 백합나무의 어린 잎)
    F: 원두: 잎끝이 원형임

엽저의 특징은 왜저^{歪底}, 예저^{銳底}, 둔저^{鈍底}, 설저^{楔底}, 원저^{圓底}, 심장저^{心臟底}로 구분될 수 있다.

[그림 3-7] 나무의 일반적인 엽저의 특징(성은숙, 2019)
    A: 왜저: 가운데 주맥을 중심으로 엽저가 비대칭(예: 참느릅나무)
    B: 예저: 잎밑이 뾰족함
    C: 둔저: 잎밑이 무딤
    D: 설저: 쐐기모양으로 길게 뾰족함
    E: 원저: 잎밑이 둥그스름함
    F: 심장저: 잎밑이 심장모양임

나무의 줄기나 가지에 잎이 나는 자리를 마디node라고 하며, 마디와 마디 사이를 절간節間; internode이라고 한다. 마디마다 잎이 몇 개씩 나는지 나눠보는 것이 잎차례로서, 나무가 햇빛을 최대한 많이 받도록 정교한 방식으로 잎이 배열된다! 층층나무에서처럼 절간이 매우 짧을 때는 그 종의 잎이 나는 차례를 구분하기가 어려울 수도 있다. 수목에서의 엽서는 보통 호생, 대생, 윤생 세 가지로 나누며, 흔히 개망초류, 냉이 등 초본의 경우 로제트형rosette이 추가될 수 있다. 로제트형은 짧은 줄기의 끝에서부터 땅에 붙어서 사방으로 방석처럼 잎이 펼쳐지는 것이다. 수목의 경우에는 드문 경우인데 줄기의 위쪽 끝에 잎이 로제트형으로 나오는 소철이 있다.

[사진 3-5] 초본식물의 로제트형 잎

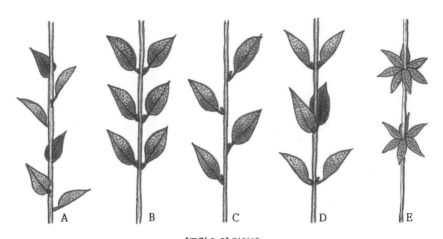

[그림 3-8] 잎차례
A: 호생(나선상으로 돌려남), B: 대생(2열배열), C: 호생(2열배열), D: 대생(십자교호대생), E: 윤생

    호생(互生; alternate; 어긋나기)은 잎이 각 마디마다 하나씩 나서 어긋나기로 되는 엽서로서 느티나무, 남천, 무궁화, 층층나무, 아까시나무 등이 속한다. 대생(對生; opposite; 마주나기)은 잎이 각 마디마다 두 개씩 나서 마주나기로 되는 엽서를 말한다. 예로는 능소화, 사철나무, 이팝나무, 산딸나무 등이 있다. 특히 대생 중에서 십자교호대생(十字交互對生; decussate)은 잎이 서로 햇빛을 막는 것을 피하기 위해 비켜서 나서, 줄기나 가지 위쪽에 볼 때 십자十字 모양으로 배열한 것을 말한다.

[그림 3-9] 십자교호대생
왼쪽은 측면에서 보았을 때 오른쪽은 위쪽에서 보았을 때 잎의 배열 모습

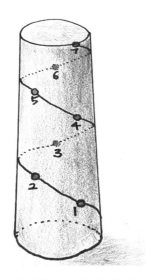

[그림 3-10] 원통형 가지에 호생하는 잎의
나선형 배열의 한 예
가지 위에서 바라보면, 1, 4, 7번 잎이 겹치고,
2, 5번 잎이 겹치고, 3, 6번 잎이 겹친다.

수국, 칠엽수, 오동나무 등이 좋은 예이다. 윤생(輪生; whorled)은 잎이 각 마디마다 세 개 이상이 나서 돌려나기로 되는 엽서이며 수목에서는 드문 편이고 초본에서 더 많은 편이다. 나무의 예를 들어 보면, 좀작살나무나 개오동나무는 대생이 일반적이지만 간혹 한 마디에 세 개의 잎이 나오는 윤생의 경우도 관찰된다.

이열배열(二列排列; two ranked)이란 느티나무, 느릅나무, 자작나무에서처럼 가지 좌우에 한 열씩 잎들이 배열하는 것으로서 모든 잎들이 평평한 면에 다 닿게 되는 것이다.

나선형배열(螺旋形排列; spiral)이란 잎들이 햇빛을 서로 가로 막지 않고 골고루 받을 수 있도록 줄기나 가지에 나선형으로 배열하는 경우를 말하는 것으로 댕댕이덩굴, 벚나무류 등이 있다. 가지의 마디에 잎이 세 개 이상 나오는 윤생輪生과는 다르다!

수목의 잎이 단엽인지 복엽인지 알기 위해서, 식물의 줄기나 가지의 겨드랑이에 나는 눈(액아; 腋芽; axillary buds)을 찾는 것이 먼저다. 단엽은 액아가 있는 곳에서부터 잎이 하나이다. 그림 3-11 A에서처럼, 액아가 있고 잎몸이 한 개가 있으므로 홑잎(단엽)이 한 개인 것이다. 물론 모든 나무에서 눈을 발견하는 것이 쉽지 않을 때도 있다. 예를 들어, 버즘나무과의 식물들처럼 눈이 엽병 안에 들어가 있어(엽병내아; 葉柄內芽) 눈이 밖에서 육안으로 보이지 않을 수도 있다. 이 때 눈은 가을에 낙엽이 된 후에 또는 물리적으로 엽병을 가지에서 떼어 낼 때 비로소 보인다. 그렇다면, 언제 복엽(겹잎)이라고 하는 걸까? B와 C의 경우는 액아가 있는 곳에서 시작하여 잎의 축(엽축)이 있고 이 축에 여러 개의 잎몸(여러 개의 작은잎)으로 되어 있으므로 복엽인 것이다. 즉 복엽의 각각의 작은잎(소엽; leaflets)에는 액아가 없다! B의 경우에는 깃꼴복엽이 한 개이고, C의 경우에는 손꼴복엽이 한 개다.

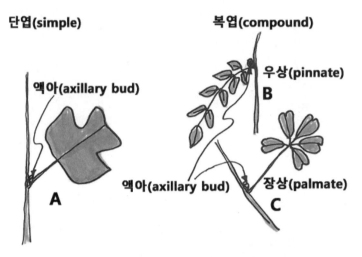

[그림 3-11] 액아와 함께 확인할 수 있는 수목의 단엽(A)과 복엽(B, C)

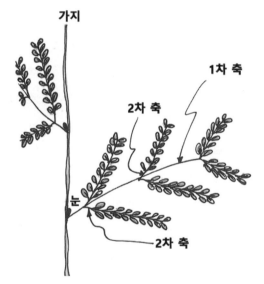

[그림 3-12] 수목의 2차짝수우상복엽
복엽 두 개가 호생하고 있으며, 2차축에 소엽이 달렸고
축의 끝에 정소엽이 없어 소엽이 짝수인 것을 볼 수 있다. 예) 자귀나무

장상복엽은 그림 3-11의 C에서처럼, 손바닥 모양으로 소엽이 배열된다. 장상복엽의 좋은 예로는 으름덩굴, 멀꿀, 칠엽수 등이 있다. 우상복엽은 그림 3-11의 B에서처럼, 복엽

이 마치 새의 깃털 모양으로 소엽이 배열된다. B의 경우는 엽축 끝에 정소엽이 있으므로 소엽의 숫자가 홀수가 되기 때문에 '홀수우상복엽'으로 된 잎이 한 개인 것이다. 황벽나무, 다릅나무, 아까시나무, 능소화 등이 좋은 예가 될 수 있다.

　우상복엽은 다시 소엽이 몇 번째 엽축에 달려 있느냐에 따라 1차에서 수차의 우상복엽으로 나눌 수 있다. 그리고 소엽의 수가 짝수(정소엽이 없는 경우)이면 짝수깃꼴(우상)복엽(그림 3-12)과 소엽의 개수가 홀수(정소엽이 있는 경우)이면 홀수깃꼴(우상)복엽(그림 3-13)으로 나눌 수 있다.

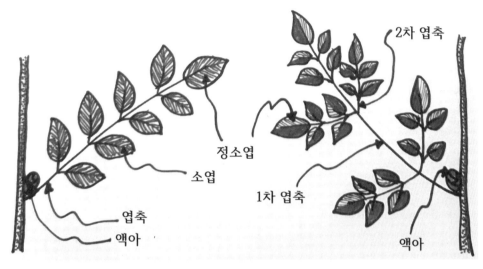

[그림 3-13] 홀수깃꼴복엽(홀수우상복엽)의 정소엽
왼쪽은 1차홀수우상복엽, 오른쪽은 2차홀수우상복엽

　짝수우상복엽의 좋은 예는 콩과의 실거리나무(1차짝수우상복엽), 콩과의 자귀나무 잎(2차짝수우상복엽)(그림 3-12)이며, 주변에 많이 식재하는 매자나무과 남천의 경우에는 3-4차홀수우상복엽(그림 3-14)이며, 멀구슬나무과 멀구슬나무의 경우에는 주로 2차홀수우상복엽(그림 3-13의 오른쪽 그림)이다. 일반인들은 간혹 복엽 내의 작은잎(소엽)을 보고 엽서를 결정하는 오류를 범하는 경우가 많은데, 남천의 경우 소엽을 보고 엽서가 대생하는 것으로 아는 사람이 의외로 많다. 남천은 복엽으로된 잎이 호생한다!

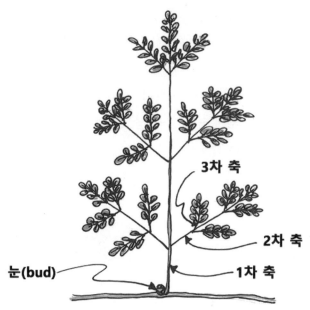

3차 축

2차 축

1차 축

눈(bud)

[그림 3-14] 3차홀수우상복엽 한 개
3차축에 소엽이 달렸고 축의 끝에 정소엽이 있으므로 홀수우상복엽이다.

★ **주의** ★

그렇다면, 겉씨식물 중 가로수로 많이 심는 낙우송이나 메타세쿼이아는 깃꼴겹잎일까? 앞서 이미 언급했듯이 깃꼴겹잎이 아니다! 우리나라에서 생육하는 겉씨식물 중에서 소철을 제외하고는 '겹잎' 으로 나오는 종은 없다! 인터넷 상에 올린 개인 블로그 등을 보면 메타세쿼이아를 우상복엽으로 적는 경우가 허다하다. 많은 사람들이 복엽이라고 착각하는 이유는 뭘까? 각 홑잎 겨드랑이마다 달린 액아를 관찰하는 것이 특정한 시기를 제외하고는 어렵기 때문일 것이다. 주목과의 비자나무나 주목도 같은 맥락으로 이해하면 될 것이다. 메타세쿼이아의 경우 눈을 관찰하기 어려운 가지만 기억되기 쉽지만, 눈을 관찰할 수 있는 가지(사진 3–3과 3–4)를 보면 단엽인 것을 알 수 있다.

잎 표면에 있는 털(모상체; 毛狀體)의 형과 구조는 수없이 많으며, 식물 식별에 있어서 중요한 도움이 될 수 있다. 기본적인 털 형으로는 평활상平滑狀, 유모상有毛狀, 융모상絨毛狀, 밀면모상密綿毛狀, 매트형matted,조모상粗毛狀, 선모상腺毛狀, 성모상星毛狀이 있다.

잎을 구별할 때, 태산목에서처럼 잎이 두껍고 가죽 같은 경우에 혁질革質이라고 하며, 백합나무(튤립나무)에서처럼 얇고 유연해서 잘 휘어지는 경우에는 막질膜質이라고 한다.

어린 가지(소지)

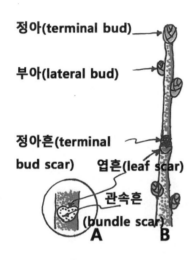

정아(terminal bud)

부아(lateral bud)

정아흔(terminal bud scar)

엽흔(leaf scar)

관속흔(bundle scar)

A   B

[그림 3-15] 수목의 소지 특징

나무에서 하나의 성장 기간(한국에서는 보통 봄부터 가을) 동안 자란 어린 가지를 소지(일년생 가지; 小枝)라고 한다. 잎이나 꽃, 열매, 종구(種毬; cone) 등을 매달고 있는 기둥이며, 효과적인 통도(물관부와 체관부) 기능은 물론이고 지지 작용을 하기도 한다. 작년에 형성이 된 눈이 봄에 분열을 시작하여 다시 새로운 소지가 형성되기 전까지의 짧은 기간을 빼고는 목본식물을 식별할 수 있는 많은 특징을 제공한다. 한국과 같은 온대지방에서 자라는 낙엽성 식물을 겨울철에 식별해야 한다면 소지가 유일하거나 또는 가장 좋은 특징을 제공할 것이다.

눈(芽; bud)은 나무 소지의 끝(정아)이나 잎의 엽액에 달리는(부아; 액아) 분열조직이다. 눈은 처음에는 영양적으로 시작했다가 시간이 흐름에 따라 무엇으로 분열될지 결정이 되는 엄청난 잠재력을 가지고 있는 중요한 부분이다.

눈은 '영양눈(잎이나 순으로 분열됨)'과 '생식눈(나자식물의 소포자낭수[2], 어린 종구, 피자식물의 꽃 등 식물의 생식기관으로 분열됨)'으로 나눠질 수 있다. 결국 식물의 생장과 생식이 이 눈에 달려 있으므로 식물은 보통으로 눈 비늘조각인 아린芽鱗으로 눈을 감싸서 외부의 다

---

2   소포자낭수(小胞子囊穗): 꽃이 없는 나자식물의 수(♂)기관이다. 소포자(피자식물에서는 꽃가루; pollen)가 들어있는 주머니가 이삭처럼 배열되어 있다.

양한 영향으로부터 눈을 보호한다. 하지만, 나도밤나무과의 나도밤나무처럼, 아린이 없어(나아; 裸芽) 대신 별도의 보호 장치로 털이 빽빽하게 나서 눈을 보호하는 경우도 있다. 아린은 그림 3-15에서처럼 기왓장이 서로 포개진 것 같은 '복와상' 또는 아린끼리 서로 포개지지 않은 '판상'의 상태로 눈을 덮어 보호한다.

[사진 3-6] 가래나무의 소지, 엽흔, 관속흔. 동그라미 안에 엽흔이 있고 그 안에 U자형 관속흔 3개

껍질눈(피목; 皮目)은 나무의 줄기나 가지에서 관찰된다. 표피 밑의 코르크가 표피를 뚫고 나온 것으로서 줄기나 가지의 통기작용(가스 교환)을 하며, 종에 따라 원추형, 렌즈형, 다이아몬드형 등이 있고, 산재된 작은 점으로 관찰되거나 가로줄로 보이기도 한다. 때로 나무 줄기에서 관찰되는 피목의 형태가 나무 식별의 열쇠가 되는 형질로서 역할을 하기도 한다.

식물의 가지에 붙어 있던 잎이 떨어지고 그 자리에 흔적을 남기게 되는데 이 자국을 잎자국(엽흔; 葉痕)이라고 한다. 엽흔의 안쪽에, 가지에서 엽병을 통과해 잎 속으로 연결되었던 관속조직이 잘라진 흔적이 보이는데 이것을 관다발흔(관속흔; 管束痕)이라고 부른다. 이 관속흔도 수종에 따라 다양한 모양을 낼 수 있어, 소지에 남겨진 엽흔 안에 있는 관속흔도 겨울철 나무 식별에 도움이 될 수 있다. 엽흔의 모양은 원형, 심장형, 선형, U자형, 삼각형 등

수종에 따라 다양하게 나오기 때문에, 잎이 다 진 이후에도 소지에 남겨진 잎자국의 모양을 가지고 상당히 많은 종을 식별하는데 도움을 받을 수 있다.

가지 끝눈 흔적(정아흔)은 가지의 끝에 있었던 눈이 분열하여 순이 되고 눈이 있었던 자리에 흔적이 남는데 이를 이르는 말이다. 식물에 있었던 기관 등이 떨어지고 흔적을 남기면 그곳을 그 기관이름 뒤에 '흔scar'을 붙여 부르게 된다. 이런 '흔적'은 영양기관뿐만 아니라 생식기관도 남기게 된다. 아린이 있었다가 떨어지고 남긴 흔적이면, 아린흔! 탁엽이 있었다가 떨어져 버리고 남긴 흔적이면, 탁엽흔! 목련과 식물에서처럼 화피편이 떨

어지고 남긴 흔적이면, 화피편흔! 수술이 떨어지고 남긴 흔적이면, 수술흔(예: 목련속 식물)이다.

갈고리모양의 화주와 주두가 달린 심피군(우) 아래
수술이 탈락하고 있는 중(검은 점들이 수술흔)

수술이 탈락하고 있는 중(검은 점들이 수술흔),
수술흔 밑에 화피편흔

화피편 위에 탈락한 수술들이 보임

골돌과 열매들(아래 검은 점들이 수술흔)

[사진 3-7] 목련과 태산목의 꽃, 화피편흔, 수술흔

화피편(tepal)

심피군
(여러 개의 심피)

수술군
(여러 개의 수술)

[사진 3-8] 목련과 일본목련의 꽃(심피군 아래 수술 여러 개)

골돌과 열매들

수술흔

화피편흔

[사진 3-9] 목련과 일본목련의 수술흔, 화피편흔

4장

나무의 생식기관

종자식물(種子植物)

4.1.1 수분과 수정 ....

　예로부터 우리나라 궁중음식으로 '송화다식'은 별미였다고 한다. 이것은 봄철에 바람을 타고 대량으로 날리는 소나무의 소위 '송화松花가루'에 꿀을 넣어 되직하게 반죽하여 만든다. 즉 우리는 아무 의심 없이 '송화가루'라고 흔히 말하고 있지만 이 '송화가루'라는 말이 식물학적으로 정말 맞는 말일까? 송화가루? 소나무에는 과연 꽃이 필까? 소나무는 나자식물이다. 씨앗을 맺는 종자식물이라고 해서 자신들의 생식기관으로서 모두다 '꽃'을 갖지는 않는다! 다시 말해 꽃이 없는 소나무에서 꽃가루(화분; 花粉)가 있을 리가 없으므로 식물학적인 면에서 볼 때 '송화가루'는 맞는 말이 아닌 것이다! 소나무를 포함한 나자식물은 수(♂) 생식기관인 소포자낭수小胞子囊穗에서 나오는 이 노란 가루를 화분花粉이라고 부르는 것은 사실상 적절하지 않은 것이다.

　씨앗을 맺는 식물 즉 종자식물에 대한 일반인들이 알고 있는 '종자식물의 잘못된 개념'은 겉씨식물(나자식물)과 속씨식물(피자식물)이 모두 꽃이 피고 열매를 맺는다는 것이다. 즉 종자식물이 곧 꽃이 피는 식물이라고 생각하는 것은 그릇된 것이다. 다시 말해 종자를 맺는 겉씨식물과 속씨식물이 모두 생식기관으로서 '꽃'을 가지고 있는 것이 아니며, 이 두 식물 그룹들이 다 열매를 가지고 있다고 생각하는 것도 바르지 않은 것이다. 즉 겉씨식물인 잣나무나 소나무에 꽃이 피었다고 말하거나 잣방울이나 솔방울을 '열매' 또는 '구과(毬果; 한자풀이를 하면 둥근 열매라는 의미)'라고 부르는 것은 그른 것이며, 가을에 암(♀) 은행나무에 노랗게 매달리는 '은행'은 씨앗인데 이를 별 고민 없이 열매가 맺었다고 말하는 것 역시 그르다.

[그림 4-1.1] 종자식물의 잘못된 개념   [그림 4-1.2] 종자식물의 바른 개념

　종자식물은 겉씨식물과 속씨식물을 말하는 것인데, 이 두 식물이 모두 종자를 맺는 식물이라는 말이다. 하지만 꽃과 열매는 속씨식물에만 있다! 겉씨식물의 배주(胚珠; 밑씨)가 자방(子房; 씨방) 안에 들어가 있지 않으니(사실, 씨방 자체가 없음), 열매가 있을 수 없는 것이다(이규배, 2014). 소나무의 솔방울은 성숙한 종구(種毬; cone)이지 열매가 아니다. 열매란 속씨식물(피자식물)에서 나오는 용어로서 '씨방이 성숙 발달하여 만들어진 것'이기 때문이다.

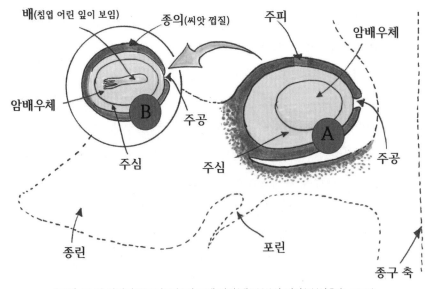

[그림 4-1.3] 겉씨식물(소나무속)의 도생 밑씨(배주)(A)와 씨앗(B)(성은숙, 2019)

밑씨란 종자식물에 있는 암 구조로서, 대포자낭과 그것을 감싸는 한 개에서 두 개 또는 드물게 세 개의 주피를 함께 밑씨(배주)라고 한다. 겉씨식물이든 속씨식물이든 밑씨가 성숙 발달하면 씨앗(종자)이 된다. 겉씨식물에서는 씨방이 없으므로 은행나무처럼 밑씨가 공기 중에 나출되거나 소나무속 식물에서처럼 밑씨가 어린 종구의 종린種鱗 위(등쪽)에 놓일 뿐이다. 속씨식물에서는 씨방이 있고 그 안에 밑씨가 들어 있는 것이다. 밑씨는 직생하는 것보다는 오히려 도생하는 밑씨가 더 일반적이다. 그림 4-1.4의 A는 직생배주이며, B는 도생배주를, C는 변곡배주를 나타내고 있다.

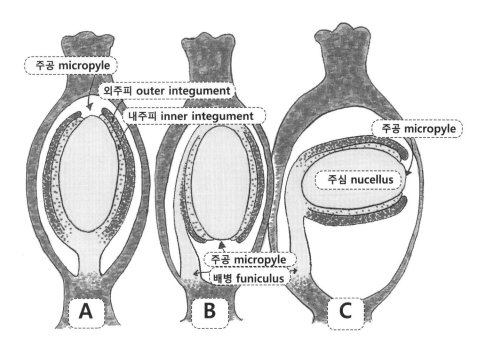

[그림 4-1.4] 속씨식물의 심피(주두, 화주, 씨방 전체)와 각각의 씨방에 의해 둘러싸인 배주(밑씨) 축의 일반 형

4.2   겉씨(나자)식물의 생식기관

우리가 흔히 부르는 '화분花粉'이란 용어는 항상 정확한 표현은 아니다! 꽃이 없는 겉씨
식물에도 'pollen'이 있기 때문이다. 꽃이 없으므로 꽃가루라는 용어는 있을 수 없는 것
이다. 한국어 용어에서 겉씨식물에서든 속씨식물에서든 'pollen'이 이젠 '화분'이라는 용
어로 굳어져 버렸다. Pollen은 겉씨식물에서는 소포자라고 표현하는 것이 더 적절하다
고 할 수 있다.

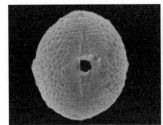  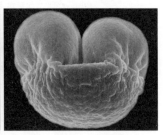

A: 콩과 칡의 화분   B: 버세라과의 *Canarium gracile* 화분   C: 소나무과 소나무속 소포자

[사진 4-2.1] SEM으로 관찰한 속씨식물(진정쌍자엽식물군)과 겉씨식물(소나무속) pollen grains

화분(소포자; pollen)은 식물의 수배우체(☿)이다. 보통 pollen 안에는 두 개의 정자와 한
개의 관핵이 들어 있다. 속씨식물 그리고 몇몇 겉씨식물에서 pollen은 발아구發芽口1를 통

---

1   발아구(apertures): pollen에서 외벽이 얇거나 부드러운 부분으로서 관(tube)이 자라나오는 곳이다. 발아구는 주
     로 구(colpus)와 공(pore)으로 구성되어 있기도 하고, 공만 있거나 구만 있거나 할 수 있다. 구는 공보다 좀 더 원
     시적이며, 모양이 주로 세로로 길게 되며 양끝이 뾰족해진다. 공은 둥글게 열린 모양으로 즉 양끝이 뾰족해지지 않
     고 둥글다. 사진 4-2.1 A의 경우 구와 공이 다 있는 발아구를 보여주고 있고 B에서는 발아구가 특이하게 돌출되어
     있는 경우이다.

해 관핵이 나오면서 관이 자라고 이 관을 따라 두 개의 정자를 내 보내게 된다. 사진 4-2.1 은 주사형전자현미경Scanning Electron Microscopy; SEM으로 본 몇 가지 pollen이다. 발아구의 모양 은 다양하게 나타나며, A에서처럼 구(세로로 긴 홈)와 공(구 내 동그랗게 뚫린 부분)이 발달 하기도 하고, 구만 있거나, 공만 발달하기도 하고, B에서처럼 발아구가 돌출되어 있는 화 분도 있다(Harley et al., 2005). 겉씨식물의 경우는 C에서처럼 바람에 의한 수분이 유리 하도록 즉 소포자가 멀리까지 날아갈 수 있도록 소포자 본체에 공기주머니(기낭)가 발달 하는 경우가 많다.

여기서 다루는 pollen 구조는 주로 피자식물에 관한 것이다. 화분학花粉學; Palynology이란 pollen과 포자(胞子; spore)를 연구하는 학문이다. 화분과 포자는 크기에 있어서 서로 비 슷하기는 하지만, 포자는 배우체 세대의 '시작'이고, 화분립花粉粒은 '성숙한' 소배우체라는 점에서 차이가 있다. 화분과 포자의 외층은 '스포로폴레닌sporopollenin'이라고 부르는 특별 한 물질로 이뤄져있고, 다양한 화학물질, 박테리아, 곰팡이 등에 내성을 가지고 있다. 따 라서 대부분의 화분은 오랜 시간 동안 퇴적물에 묻혀 있다고 할지라도 그 구조가 무너지 지 않고 보존되어 고식물학연구, 식물분류학 등은 물론이고 범죄학에서 범인 검거에도 중요한 기여를 해오고 있다.

속씨식물의 화분립은 수술의 꽃밥약; 葯에서 단립 또는 두 개, 네 개 또는 여러 개로 뭉쳐 서 나온다. 협죽도과의 아스클레피아스속Asclepias의 화분괴pollinia는 화분이 뭉쳐서 나오는 좋은 예이다. 화분립은 가장 작은 크기로는 직경이 10 ㎛에 불과하며 뽀뽀나무과에서처 럼 그 직경이 350 ㎛로 큰 경우도 있다. 화분립은 적도면에서 보았을 때 구형에서부터 과 장구형이나 과단구형처럼 막대형까지 다양한 형태가 있다. 예를 들어, 한국에서 생육하 는 콩과의 땅비싸리속Indigofera 식물의 화분립의 모양은 약장구형 또는 아장구형으로 대부 분 콩과식물의 전형적인 모습을 보여주고 있다(Song and Kim, 1999).

화분립에 있어서 두 가지 가장 중요한 구조적인 특징은 '발아구'와 '화분외벽'이다. 발 아구aperture는 화분벽에 있으며 화분이 발아하여 화분관을 내는 곳이다. 발아구의 형에 따 라서 화분립은 단구형, 단공형, 삼구형, 삼공구형, 다구형, 다공구형으로 나눈다. 화분외 벽exine의 구조를 관찰하기 위해서는 투과형전자현미경Transmission Electron Microscope; TEM을 통해서 보아야 가능하다. TEM을 통해 화분외벽 구조로서 기둥과 지붕, 표면무늬 요소 등을 자세히 관찰할 수 있다.

　수분受粉; 가루받이이란 겉씨식물이면 소포자pollen가 밑씨 근처에 위치하는 것을 말하고, 속씨식물이면 심피의 주두에 화분이 앉는 것을 뜻한다.

　수정受精이란 간단히 말해 pollen의 정자와 밑씨의 난자가 접합하여 수정란을 형성하는 것을 말한다. 속씨식물에서 화분립은 발아구를 통해 발아하여 화분관핵이 먼저 나온다. 화분관핵이 나오면서 화분관이 만들어진다. 화분립에서 두 개의 정자가 나와 화분관을 통해 화분관핵을 뒤따라 밑씨가 있는 쪽으로 이동한다. 정자 하나(n)는 밑씨 안에 있는 난자(n)와 만나 수정란(2n)을 형성하고 나머지 하나의 정자(n)는 밑씨 안의 두 개의 극핵(2n)과 만나 배유(3n)를 형성하게 된다. 이 과정이 속씨식물의 전형적인 수정이다. 속씨식물의 경우 이 과정을 거친 후 씨방 안에 있는 밑씨는 성숙하여 씨앗이 되고, 밑씨를 감싸고 있던 씨방은 성숙해서 열매가 된다. 하지만, 겉씨식물이라면 밑씨를 감싸는 씨방이 없으므로, 소나무속에서처럼 밑씨가 종구의 종린에 놓이거나 소철처럼 배주엽에 달렸다가 씨앗으로 성숙하거나 은행처럼 공기 중에 나출되었던 밑씨가 그대로 성숙하여 씨앗이 된다. 이렇기 때문에 겉씨식물에서는 열매라는 구조가 없는 것이다.

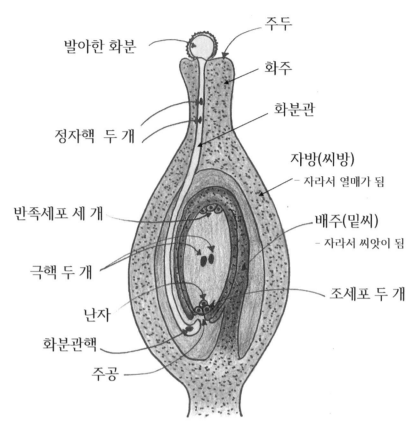

발아한 화분

주두

정자핵 두 개

화주

화분관

자방(씨방)
- 자라서 열매가 됨

반족세포 세 개

배주(밑씨)
- 자라서 씨앗이 됨

극핵 두 개

난자

조세포 두 개

화분관핵

주공

[그림 4-2.1] 도생배주 한 개를 가지고 있는 속씨식물의 심피
주두에 앉은 화분이 발아하여 도생배주의 주공 쪽으로 관이 자랐고, 관을 따라 두 개의 정자가 내려오고 있다.

4.2.1 소철의 생식기관 ···

속씨식물에서는 꽃이 생식기관이지만, 나자식물(裸子植物; 겉씨식물)의 생식기관은 꽃이 아니다. 밑씨가 성숙해서 종자를 만들어 내는 종자식물이지만, 꽃과 열매가 없다는 의미다. 그렇다면 겉씨식물의 생식기관은 무엇인가? 겉씨식물은 종에 따라 생식기관이 다양하다.

속씨식물에서는 꽃이라는 구조가 있으므로, 꽃이 핀다는 의미로서 개화라고 하지만, 겉씨식물에서는 꽃이 없으므로, 개화라는 표현은 부적절하다. 나자식물에서는 'coning' 한다(종구가 나온다)는 것을 염두에 두어야 한다. 유감스럽게도 식물을 공부하는 사람은 물론이고 일반인들이 이 용어를 흔히 사용하지는 않지만 이것이 정확한 표현이다!

나자식물에서는 생식기관이 양성으로 나오지 않는다. 즉, 암생식구조와 수생식구조가 따로 나오며, 종에 따라 두 구조가 한 개체 안에 다 나오기도(암수한그루) 하고 한 개체마다 암구조나 수구조 중 한 구조만 나오기도 한다(암수딴그루). 한반도에서 생육하는 주요 겉씨식물의 생식기관은 다음과 같이 간단하게 정리해 볼 수 있다.

먼저 소철의 생식기관은 단성 생식기관으로 암수딴그루이다. 즉 암나무에는 암구조인 배주엽이 나오고 수나무에는 수구조인 소포자낭수가 나온다. 배주엽(대포자엽)이 암나무의 로제트[rosette]형[2]으로 펼쳐진 잎들 중앙에 모여 있으며 여기에 배주(씨앗)가 있다. 참고로, 냉이, 민들레는 초본으로 로제트형 잎차례를 갖는다. 소철의 수나무에 있는 생식구조인 소포자낭수의 소포자엽 배쪽(아래쪽)에 소포자낭이 여러 개 있다. 소포자낭 안에는 소포자[pollen]가 들어 있다.

---

2 로제트(rosette): 줄기에 다수의 잎이 밀집해서 전체적으로 방사상 원모양으로 된 식물의 잎 배열을 의미한다. 초본의 경우에 냉이, 민들레 등이 바닥에 방석처럼 배열되는 좋은 예이고, 소철처럼 줄기 끝에 잎이 방사형으로 배열하는 것이 좋은 예이다.

암나무 배주엽(우). 배주가 씨앗으로 성숙한 상태

수나무 소포자낭수(♂)   수나무 소포자엽(소포자낭이 있는 배쪽)(♂)

[사진 4-2.2] 소철의 암수 생식구조

4.2.2 은행나무의 생식기관 ···

　은행나무도 역시 단성 생식기관으로, 아주 드물게 암수한그루이지만, 보통으로는 암수
딴그루이다. 밑씨(암생식기관)가 봄에 은행나무의 암나무의 짧은 가지(단지)에서 나오는
기다란 배주병(밑씨가 달리는 자루)에 보통 두 개씩 달린다. 이 밑씨가 성숙하여 그대로 씨
앗이 된다. 겉보기에는 마치 속씨식물의 핵과와 비슷한 모양이지만 열매가 아니라 씨앗
이다! 은행나무의 수나무에서 역시 봄철에 소포자낭수가 짧은 가지에서 어린잎들과 거
의 동시에 나온다.

배주병에 달린 두 개의 밑씨　　씨앗으로 성숙해 가고 있는 두 개의 밑씨　　　　성숙한 씨앗 두 개

[사진 4-2.3] 은행나무 암나무의 밑씨와 씨앗들

| 어린 소포자낭수 | 성숙해 가는 소포자낭들 | 성숙 후 열린 소포자낭들 |

[사진 4-2.4] 은행나무 수나무의 수생식기관 소포자낭수와 소포자낭

4.2.3 주요 종구 식 물(conifers)의 생 식 기 관 ....

　이제는 종구식물種毬植物; conifers의 생식기관을 알아보기로 한다. 먼저 소나무과를 보면, 단성 생식기관으로서 암구조인 종구와 수구조인 소포자낭수가 한 개체에 다 나오는 암수한그루이다. 암구조인 종구種毬; cone가 나선상으로 배열된 종린種鱗을 가지고 있으며 각 종린의 위쪽 즉 등쪽에 2개의 밑씨가 놓인다. 우리에게 친숙한 '솔방울'이 바로 '성숙한 종구'인 것이다. 자방이 자라서 된 것이 아니므로, '솔방울 열매' 또는 '솔방울 구과'는 그른 표현이다.

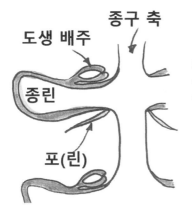

도생 배주

종구 축

종린

포(린)

포가 종린 밑(배쪽)에 끝까지 붙어있는 분비나무속과는 다르게 여기 그림에서 보는 것처럼, 소나무속에서 포(린)는 종린보다 먼저 났다가 탈락이 되므로 성숙한 종구(솔방울)에는 보이지 않게 된다.

[그림 4-2.2] 소나무과 소나무속의 암(♀)생식구조인 종구의 구조 종구의 종린과 종구축 쪽으로 주공이 향한 도생 배주(성은숙, 2019)

어린 종구　　　　성숙해 가는 종구　　　　성숙한 종구(솔방울)

[사진 4-2.5] 소나무과 버지니아소나무(*Pinus virginiana*)의 암생식기관 종구

수생식기관인 소포자낭수에 나선상으로 좌우대칭의 여러 개의 소포자엽이 있다. 소포자엽의 아래쪽 즉 배쪽에 소포자낭이 두 개가 놓인다.

소나무속에서는 소포자낭수가
여러 개(복수; 複數)가 달리는 특징을 보인다.
사진의 동그라미 안에 있는 것은 소포자낭수 한 개다.

[사진 4-2.6] 소나무과 섬잣나무(*Pinus parvifolia*)의 소포자낭수

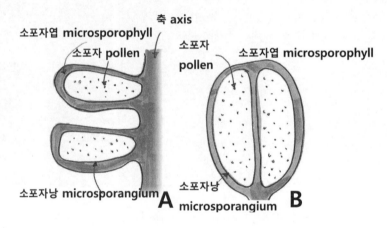

[그림 4-2.3] 소나무과 소나무속의 수(♂)생식구조(성은숙, 2019)
A: 종단면으로 본 소포자낭수의 축에 달린 소포자엽 두 개, B: 소포자엽의 아래쪽(배쪽)에서 본 두 개의 소포자낭 횡단면

측백나무과(낙우송과와 통합됨)도 역시 단성 생식기관을 갖는다. 암수딴그루이거나
암수한그루이기도 한다. 암생식기관은 종구이고, 종에 따라 종구의 각 종린 당 밑씨가
1~20개 정도로 다양하다. 수생식기관인 소포자낭수가 측백나무과에서는 보통 단수로
나오며, 소포자낭수 축에 달리는 소포자엽의 배쪽에 소포자낭이 2~10개가 있다.

삼나무 암생식구조(종구(種毬))	삼나무 수생식구조(소포자낭수)
메타세쿼이아 암생식구조(종구)	메타세쿼이아 소포자낭수
노간주나무 암생식구조(어린 종구)	노간주나무 성숙 중인 종구

[사진 4-2.7] 측백나무과의 생식구조 1

측백나무 암생식구조(종구와 씨앗)

측백나무 수생식구조(소포자낭수)

서양측백 성숙중인 암생식구조(종구)

낙우송 암생식구조(종구)

서리화백 암생식구조(종구)

넓은잎삼나무 암생식구조(종구)

[사진 4-2.8] 측백나무과의 생식구조 2

겉씨식물 바르게 알기, 앗! 은행이 열매가 아니라고?!

주목과는 은행과 마찬가지로 종구가 없으며, 다른 점이 있다면 밑씨가 엽액에 보통 하나씩 달린다. 즉, 비자나무나 주목에 나는 것은 열매가 아니고, 그 자체가 씨앗인 것이다! 주목에서 종자를 감싸고 있는 붉은 부분은 속씨식물에서 말하는 열매의 육질이 아니라 '가종피'이므로, 열매가 아닌 종자인 것이다. 비자나무의 씨앗도 마찬가지이다. 열매가 아닌 종자인 것이다. 주목의 가종피는 종자를 완전히 감싸지 않고, 비자나무는 가종피가 종자를 완전하게 감싼 경우이다. 수생식기관인 소포자낭수에 소포자엽이 2~14개가 있고 각 소포자엽 당 2~9개의 소포자낭이 있다.

주목 암생식구조(배주: 성숙해서 씨앗이 됨)   주목 암생식구조(씨앗)

[사진 4-2.9] 주목과의 주목의 생식구조

주목 수생식구조(소포자낭수)　　　　　비자나무 암생식구조(씨앗)

비자나무 엽액에 난 수생식구조(소포자낭수)

비자나무 소포자낭수 1개

[사진 4-2.10] 주목과의 생식구조

　개비자나무과는 암수딴그루이나 간혹 드물게 암수한그루인 경우도 있다. 암생식기관 어린 종구는 소지 끝에 두 개씩 달리며 익년 8~9월에 즈음에 성숙한다. 수생식기관 소포 자낭수는 4월 정도에 엽액에 달리고 원형으로 가지의 아랫면에 배열된다.

개비자나무 배주(씨앗으로 성숙함)

개비자나무 씨앗

개비자나무 소포자낭수(♂)

개비자나무 소포자낭수 근접 사진

[사진 4-2.11] 개비자나무과의 생식구조

나한송과는 암수딴그루이다. 암생식기관 종구에는 배주가 달린 종린이 있는데, 종린의 수는 한 개에서 여러 개다. 종린은 축소되어 배주와 융합되어 투피로 변형된다. 성숙한 씨앗은 마치 피자식물의 장과처럼 보이지만 열매가 아닌 씨앗이다! 수생식기관 소포자낭수는 원통형이며 소포자엽이 나선상으로 달리고 각 소포자엽에는 2개의 소포자낭이 있다.

금송과는 단성 생식구조가 모두 한 개체에 나오는 암수한그루이다. 암생식기관 종구는

1~2개 정도가 가지의 끝에 달린다. 종구는 익년 가을에 성숙하며 곧추서는 특징이 있다. 수생식기관 소포자낭수는 둥근 형으로 여러 개가 모여 나온다.

[사진 4-2.12] 금송의 암생식구조 종구

[사진 4-2.13] 금송의 수생식구조 소포자낭수

속씨(피자)식물의 생식기관

4.3.1 꽃

꽃이란 뭘까? 기념일이거나 사랑을 고백하거나 축하할 일이 있을 때 등 우리는 흔히 꽃을 주고받는다. 하지만 꽃은 사람인 우리를 기쁘게 할 목적으로 만들어진 것은 아니다. 사실 식물은 그것에는 별로 관심이 없을 것이다. 꽃은 피자식물被子植物의 생식 구조로서, 분화된 순이며 화축 또는 화탁을 가지고 있다. 꽃에는 분화된 잎인 화피, 수술 그리고 심피가 있다. 최초의 꽃은 중생대 후반기인 백악기에 출현하였고, 속씨식물은 이 혁명적인 구조를 통해 화분의 양을 많이 내지 않고도 효과적인 방법으로 수분·수정을 통해 종족 번식을 해왔다. 겉씨식물과는 다르게 밑씨가 씨방이라고 하는 구조 안에 들어가 있기 때문에 속씨식물이라고 한다.

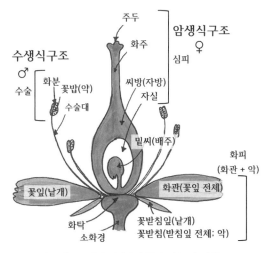

[그림 4-3.1] 속씨식물의 꽃과 각 부위 명칭

속씨식물의 꽃은 꽃의 각 부분인 꽃받침, 꽃잎, 수술, 심피를 모두 갖추고 있으면 '갖춘 꽃(완전화)'이라고 하며, 이 중 하나이상이 빠져있으면 '안갖춘꽃(불완전화)'이라고 한다. 꽃잎과 꽃받침 중 한 가지가 부족한 경우가 흔하여 꽃잎과 꽃받침의 경계가 불분명해지기 때문에 '꽃덮이(화피)'라는 용어를 사용하기도 하며, 목련이나 붓순나무에서처럼 화피의 조각 하나하나를 가리킬 때는 '화피편'이라고 부른다.

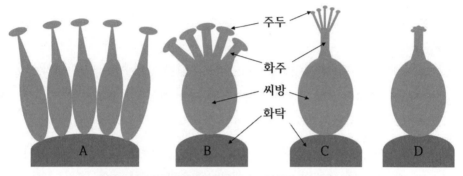

[그림 4-3.2] 속씨식물의 심피(carpel)와 암술(pistil)의 차이점
A부터 D까지 각각은 심피가 다섯 개씩 있는 경우인데, A만 암술 다섯 개, 심피도 다섯 개다.
B, C, D는 암술이 각각 한 개씩, 심피는 각각 다섯 개씩 있다. 우리나라 꽃 무궁화가 C와 같은 경우에 해당된다.

꽃에 있는 수생식구조를 '수술'이라는 쉬운 용어로 부르니까, 암생식구조도 단순하게 '암술'이라고 하면 좋을 터인데, 왜 군이 '심피'라고 불러야 할까? 암술과 심피는 항상 같은 말은 아니기 때문이다. 암술이라는 용어는 심피가 그림 4-3.2의 A처럼 이생(심피가 독립적임)하는 경우에만 심피라는 용어와 같은 말이다. 하지만 B, C, D의 경우처럼 씨방이 한 개로 합생(융합됨)되어 있으면, 암술과 심피는 더 이상 같은 용어가 아니다. 즉, B, C, D의 경우에는 각각 심피 다섯 개씩 있지만, 암술이 각각 한 개씩이 있다. 따라서 꽃의 암술의 숫자를 세기보다는 심피의 숫자를 세는 것이 그 식물의 열매 등을 이해하는데 더 합리적이다. 속씨식물 중 초본이면서 꽃이 대형인 경우(백합, 튤립 등)에는 꽃을 눈으로 보고 심피가 몇 개인지 아는 것은 쉽지만, 속씨식물 중에서 목본식물 즉 나무에서는 꽃의 크기가 대부분 아주 작게 나오기 때문에 심피의 숫자를 바로 알아내기가 쉽지는 않다. 꽃의 크기가 아주 작은데, 화주까지 융합되어 있는 D의 경우처럼, 주두를 보고 심피의 숫자를 추정해야 하는 경우가 그런 경우이다. 하지만 운이 좋게 열매가 아직 매달려 있는 경우 열매를 보고 심피의 숫자를 알아내기도 한다. 특히 무궁화, 노각나무, 동백나무, 배롱나무처럼 열매가 삭과인 경우에는 심피의 개수를 추정하기가 아주 좋다. 주두를 관찰할 때 확대경을 사용하면 도움을 받을 수도 있다.

[사진 4-3.1] 무궁화의 5개로 갈라진 주두(좌)와 5개로 갈라지는 삭과(우)

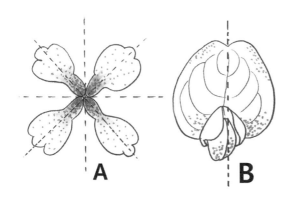

[그림 4-3.3] 화관의 대칭 양상
A: 방사대칭(*), B: 좌우대칭(×)

화관은 대칭성에 따라, 방사대칭, 좌우대칭으로 나눌 수 있으며, 아무리 봐도 대칭성을 찾을 수 없는 꽃도 있다. 꽃의 씨방이 놓이는 위치가 다 동일하지는 않은데 그 이유가 뭘까? 꽃 안에 있는 씨방과 그 안에 들어 있는 밑씨를 잘 보호함과 동시에 가루받이에 효율적이도록 각 종마다 그 위치를 선택적으로 변화시켜 왔으리라. 씨방이 꽃잎과 꽃받침보다 위에나 아래에 있는지 아니면 주변에 있는지 보고 그 위치를 보통 결정한다. 그림 4-3.4의 A와 B는 상위자방이고, C는 중위자방이다. 중위자방은 상위자방 안에 포함시키는 경우가 많다. 그리고 D는 하위자방을 나타낸다. B, C, D는 화탁이 컵모양을 이루고 있는데 이를 화탁통^{hypanthium}이라고 하며, 사과나 배처럼 이과^{pome}의 경우 D의 경우와 비슷하여 화탁통과 씨방(자방)이 함께 자라 열매가 된다.

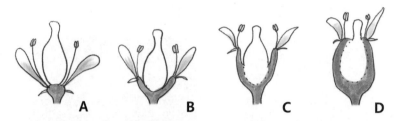

[그림 4-3.4] 심피가 놓이는 위치
A와 B: 상위자방, C: 중위자방, D: 하위자방. B, C, D에 화탁통이 발달되어 있다.

4.3.2 꽃 차 례(화서)

수목의 꽃은, 튤립 같은 초본의 꽃과는 달리, 줄기 끝에 단 하나의 꽃만 피는 경우가 드물다. 화서에 자잘한 많은 꽃이 피는 경우가 훨씬 많다. 화서란 꽃이 피는 차례, 즉 화축에 붙는 꽃들의 배열상태를 말하는 것으로, 보통 유한화서와 무한화서로 나눈다. 꽃을 받치고 있는 자루를 화병 또는 소화경^{小花梗}이라고 하고,

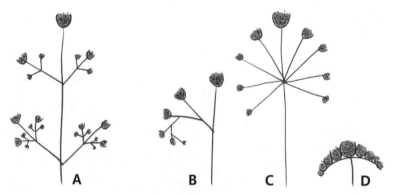

[그림 4-3.5] 유한화서의 종류
A: 취산화서, B: 권산상취산화서, C: 산형화서, D: 두상화서

여러 꽃을 달고 있는 잎 없는 자루를 화경이라고 부른다. 꽃차례 그림에서 가장 큰 꽃이 가장 먼저 핀 것을 상징하고 크기가 가장 작은 것은 가장 나중에 핀 것을 상징한다. 유한有限화서는 화축의 맨 위 정점에서부터 시작하여 아래쪽으로 꽃이 핀다(그림 4-3.5). 즉 위에서 꽃차례를 보면 중앙에서 시작해서 바깥으로 꽃이 피어 나간다. 위에서 꽃이 펴서 축 아래로 내려오니 맞닥뜨리는 땅을 결국 만나게 된다는 개념으로 '한계가 있다'는 의미에서 '유한'이라는 이름을 붙이게 되었다.

화축의 아래쪽에서 시작하여 위쪽 정점으로 꽃이 피는 화서를 무한無限화서라고 한다. 즉 위에서 꽃차례를 보면 바깥에서 시작해서 중앙으로 꽃이 피어 들어온다. 꽃이 밑에서 펴서 축 위로 올라오니 땅이 아니라 반대로 하늘 쪽으로 피어나가 '한계가 없다'는 개념으로 '무한'이라고 붙였다.

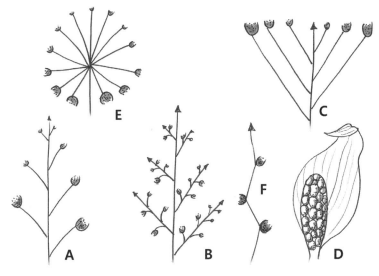

[그림 4-3.6] 무한화서의 종류
A:총상화서, B: 원추화서, C: 산방화서, D: 육수화서, E: 산형화서, F: 수상화서

불염포佛焰苞로 둘러싸인 화서인 육수화서는 천남성과의 식물에서 볼 수 있다. 화축이 길게 뻗어 포유동물의 꼬리모양이며, 보통 자잘하고 많은 단성화의 꽃이 달리는 유이葇荑화서는 참나무과의 참나무속, 버드나무과, 자작나무과 식물 등에서 관찰된다.

4.3.3 열매 ···

딸기 열매 100개를 먹는데 과연 시간이 얼마나 걸릴까?

사과를 먹었는데, 실제로는 열매를 먹지 않았다니?

산딸나무 열매는 취과인가 다화과인가?

열매(과일)란 간단히 말해서 속씨식물의 꽃에 있는 자방(씨방)이 성숙한 것이다. 물론 여기에, 장미과의 이과 열매(사과나 배)처럼, 자방뿐만 아니라 함께 측착되었던 화탁통 등이 부속 부분으로 있을 수 있다. 전자를 진과眞果라고 하고 후자와 같이 화탁, 총포, 악, 화탁통 등 심피 주위의 부분이 함께 발달하여 과피가 된 열매를 가과假果라고 한다. 열매는 과피果皮와 씨種子로 구성되어 있으며, 열매의 분류는 자방의 구조, 성숙한 열매의 형태 등이 기준이 된다. 주로 수목에서 볼 수 있는 주요 과일을 살펴보면 다음과 같다.

하나의 꽃 안에 있는 하나의 자방 또는 여러 개의 심피가 하나로 합생된 것이 성숙한 열매는 단과單果이고, 여기에는 건개과(삭과, 골돌과, 협과, 분리과), 건폐과(시과, 분열과, 수과, 견과) 그리고 육질과가 포함된다. 반면에 여러 개의 독립된 심피(이생 심피)가 이웃하고 있다가 성숙할 때 함께 자라서 만들어진 열매를 복과複果라고 한다. 여기에는 하나의 꽃에서 성숙하는 취과와 여러 개의 꽃에서 함께 성숙하는 다화과가 이에 해당된다.

특히 건폐과인 수과瘦果는 열매가 보통 매우 작으며, 한 방에 한 개의 종자가 있고, 날개는 없지만 깃털이 있는 경우가 많아서 멀리까지 분산되는데 유리하다. 민들레와 해바라기는 각각 수과라는 작은 열매를 내는 종류이다. 양지바른 곳이면 봄에 여기저기에서 민들레를 볼 수 있는데, 우리가 흔히 꽃 한 송이라고 여기는 것에는 사실 머리모양꽃차례(두상화서)에 수많은 작은 꽃들이 있는 것이다. 이 작은 꽃들은 각각 수과라는 열매로 성숙하고 털이 붙어 있어 바람에 쉽게 날아갈 수 있는 것이다. 민들레와 마찬가지로 같은 국화과에 속하는 해바라기를 보자. 이것도 역시 두상화서에 수많은 꽃들이 밀집해 있다가 그 각각의 꽃은 수과라는 열매가 되는 것이다. 수과라는 열매 안에 우리가 식용하는 씨앗이 있다. 즉, 해바라기에서 채취한 직후의 것(껍질을 제거하기 전)은 열매이고 껍질

을 제거한 이후 우리가 식용하는 것은 씨앗인 셈이다. 예) 버즘나무, 으아리, 국화과, 딸기

건폐과인 견과^{堅果}는 참나무과의 대부분의 식물이 갖는 열매로서 보통 한 개의 종자가 들어 있다. 종자 대부분을 이루고 있는 것은 떡잎이다. 우리가 먹는 콩은 협과 안에 들어 있는 씨앗으로서 떡잎 두 개가 육질이다. 속담에 '콩 한쪽도 반으로 나눠 먹는다.'는 말이 있는데, 두 개의 자엽으로 나눠져 있기 때문에 가능한 말이다. 땅에 심은 콩(씨앗)이 발아하면 자엽 두 개는 땅위로 올라오고 그 사이에서 본 잎이 나오게 된다. 본 잎이 나온 뒤로

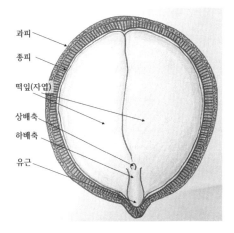

[그림 4-3.7] 참나무과의 견과 도토리의 종단면

는 자엽은 점차 시들어 떨어지고 만다. 참나무과의 열매인 도토리도 우리가 식용하는 그 부분이 사실 육질의 자엽이다. 물론 우리는 도토리를 떫기 때문에 그냥 먹지는 않고 보통 타닌 성분을 제거해서 도토리묵 등으로 가공해서 먹는다. 참나무과의 도토리가 발아해서 떡잎이 땅위로 나오는 것을 볼 수 없는 이유는 아래 그림에서 보는 것처럼 도토리의 자엽이 땅위로 올라오지 않고 땅 속에 그대로 남아 있고 땅위로 올라오는 것은 본 잎이다.

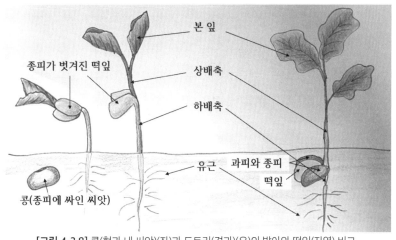

[그림 4-3.8] 콩(협과 내 씨앗)(좌)과 도토리(견과)(우)의 발아와 떡잎(자엽) 비교

단과 중 육질과는 과피의 분화로 인해서 열매가 육질상태로 만들어진 것이다. 따라서 사람을 포함한 동물들이 음식으로 취하는 경우가 많다. 여기에는 이과, 핵과, 장과, 감과 등이 속한다.

먼저 이과梨果는 열매의 안쪽에 있는 진과는 자방이 성숙해서 된 것이고, 이 진과를 감싸고 있는 육질 부분은 화탁통이 변한 것이다. 따라서 우리가 사과나 배를 먹었어도 식물학적으로 말한다면, 실제 열매를 먹지 않은 경우이다. 우리가 먹는 사과 중앙에 있는 실제 열매에 해당하는 부분(자방이 성숙한 부분)은 보통 먹지 않고 버리기 때문이다.

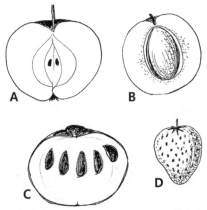

[그림 4-3.9] 과피가 육질로 분화된 열매(육질과)
A: 이과(사과), B: 핵과(살구), C: 장과(감), D: 취과상 수과(딸기-육질부분이 화탁)

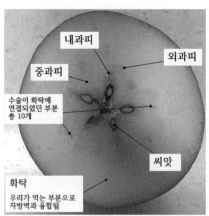

[사진 4-3.2] 이과의 횡단면
예) 사과

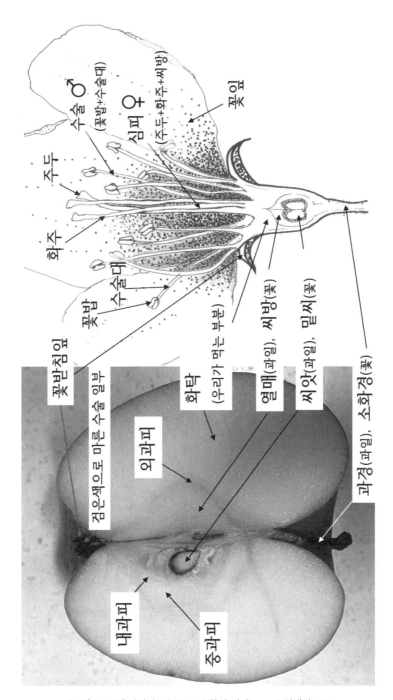

수술 ♂
(꽃밥+수술대)

주두

심피 ♀
(주두+화주+씨방)

수술대
꽃밥

화주

꽃잎

잎

수술

꽃받침잎

접은색으로 마른 수술 일부

화탁
(우리가 먹는 부분)

열매(과일), 씨방(꽃)

씨앗(과일), 밑씨(꽃)

과경(과일), 소화경(꽃)

외과피

내과피

중과피

[그림 4-3.10] 사과나무속(*Malus*) 꽃과 이과(pome) 열매의 구조

우리는 딸기를 먹을 때 표면에 있는 것들을 '씨앗'이라고 생각한다. 하지만 그 하나하나는 '수과'라는 작은 열매이다. 물론 그 열매 안에 작은 씨앗이 들어 있다. 즉 한 개의 딸기를 먹었다고 생각할 때 사실은 100개 이상의 딸기 열매를 먹은 것이다. 우리가 먹은 딸기의 육질부분은 사실 화탁이었다! 즉, 단숨에 우리는 딸기 열매 수백 개를 먹는 셈이다!

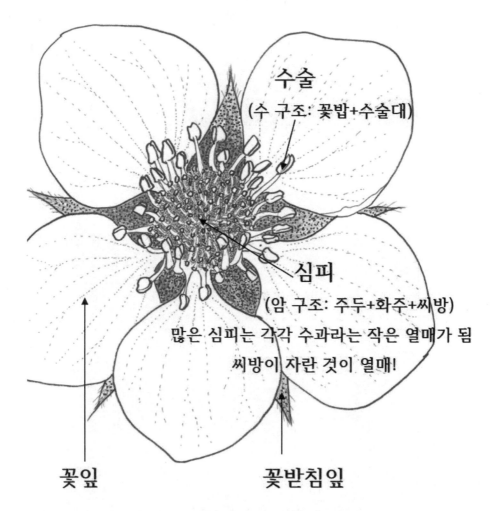

[그림 4-3.11] 딸기의 꽃 구조

딸기 꽃의 가운데 부분을 보면, 주변에 수술이 여러 개가 있고 그 안쪽에 각각 독립된 수많은 심피들이 화탁 위에 이웃하여 빽빽하게 있음을 알 수 있다. 이 각각의 심피는 '수과'라는 작은 열매로 성숙하게 되며, 중앙에 있는 화탁은 육질화되어 그 부분을 우리가 식용한다. 즉, 한 개의 꽃 안에 여러 개의 열매가 모여서 된 복과이니, 이런 것을 취과상 열매라고 한다.

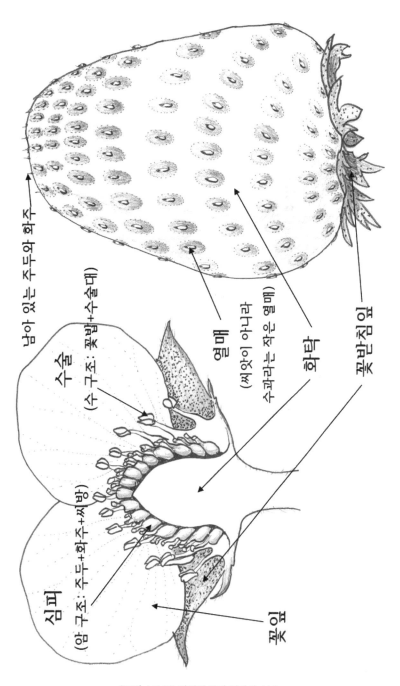

남아 있는 주두와 화주

수술
(수 구조: 꽃밥+수술대)

심피
(암 구조: 주두+화주+씨[방])

열매
(씨앗이 아니라
수과라는 작은 열매)

화탁

꽃받침잎

꽃잎

[그림 4-3.12] 딸기의 꽃과 취과상 수과

복과 중 취과聚果는 '하나의 꽃에서' 여러 개의 이생 심피가 함께 자라서 한 덩이로 만들어지는 열매로서 취과상 골돌과(붓순나무, 태산목, 작약, 말오줌때 등), 취과상 시과(백합나무)가 목본식물에서 찾을 수 있는 몇 가지 예가 될 수 있다.

복봉선(배쪽)이 벌어지는 골돌과(목련속)

배봉선(등쪽)이 벌어지는 골돌과(말오줌때)

배봉선이 열리는 골돌과(모란속)

날개 달린 시과(백합나무)

[사진 4-3.3] 취과상의 다양한 열매

하지만, 복과 중 다화과(多花果; 집합과)는 '여러 개의 작은 꽃'의 각각의 심피가 함께 자라서 한 덩이로 만들어지는 열매로서, 뽕나무나 닥나무의 다화과상 핵과, 버즘나무의 다화과상 수과, 미국풍나무의 다화과상 삭과 등이 있다. 양버즘나무의 암꽃들이 다화과로 성숙하는 예를 보도록 하자. 양버즘나무는 암수한그루이며 봄철 4~5월 즈음에 잎이 나오면서 잎겨드랑이에 꽃이 핀다. 꽃차례는 동그란 머리모양이며, 암꽃과 수꽃이 따로 피는 단성화이다. 암꽃 꽃차례는 붉은색을 띠고 수꽃 꽃차례는 연두색을 띤다. 열매는 당연히 암꽃의 심피가 성숙하여 된다.

암꽃차례

수꽃차례

성숙 중인 다화과상 수과

성숙한 다화과상 수과

[사진 4-3.4] 양버즘나무(*Platanus occidentalis*)의 생식구조

[사진 4-3.5] 양버즘나무 암꽃의 심피와 수과

[사진 4-3.6] 산딸나무의 포와 꽃차례

많은 사람들이 취과로 오해하고 있는 산딸나무의 예를 보는 것처럼, 작은 꽃 여러 개에서 출발하여 성숙한 경우이며, 흔히 산딸나무의 커다란 네 개의 흰색 포를 꽃잎으로 착각하는 수가 있지만, 작은 꽃마다 작은 꽃잎 넉 장 꽃받침잎 넉 장이 각각 있다. 산에서 나는 딸기라는 의미로 이름이 주어진 산딸나무의 예를 들어 보기로 한다. 산딸나무의 어느 부분이 꽃일까? 산딸나무 포의 끝은 뾰족하고 포의 안쪽 중앙에 자잘하게 여러 개의 꽃들이 모여서 핀다. 식물학적으로 말하면, 흰 색의 포가 네 개로 멋지게 벌어졌다고 해서 꽃이 핀 것은 아니다. 그것은 꽃잎이 아니기 때문이다. 양버즘나무에서처럼 산딸나무도 작은 여러 개의 꽃이 모여 열매가 되므로 다화과상이며, 열매의 유형은 핵과이다.

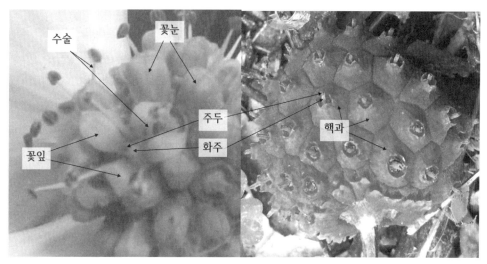

[사진 4-3.7] 산딸나무의 꽃과 다화과상 핵과

[사진 4-3.8] 다화과상(multiple)의 다양한 열매
왼쪽 다화과상 삭과(미국풍나무), 오른쪽 다화과상 핵과(닥나무)

무화과는 정말 꽃이 없을까? 무화과無花果는 한자 그대로 풀이하면 꽃이 없다는 의미지만, 실제로는 뽕나무과의 꽃피는 식물이다. 꽃이 밖에서 쉽게 보이는 장미나 무궁화와는 다르게, 무화과는 꽃이 겉에서 보이지 않을 뿐이다. 꽃받침이 주머니모양으로 되고 주머니 내부에 작은 꽃들이 있기 때문에 사람의 눈으로는 외관에서 관찰할 수 없을 뿐이다. 무화과말벌과의 상생을 보면 꽃이 굳이 밖으로 나올 필요가 없었다는 것을 쉽게 이해할 수 있다. 우리가 식용하는 무화과는 화탁과 그 안쪽의 씨방이 함께 성숙한 것이다. 무화과를 먹을 때 바삭바삭 씹히는 느낌을 내는 것은 '수과'라는 작은 열매이다. 무화과 열매 꼭대기에는 구멍이 뚫려 있는데, 과일로 성숙하기 전의 그 크기는 너무 작아서 바람이나 일반 벌과 나비의 도움을 받을 수 없다. 몸집이 아주 작은 '무화과말벌'만이 통과할 수 있는 것이다. 수많은 무화과 종류가 있는데 각각의 무화과는 자신과 공생관계에 있는 특정한 무화과말벌이 있다.

[사진 4-3.9] 무화과 열매
열매로 성숙하기 전에는 정단의 구멍이 아주 작았으며 무화과말벌만이 통과할 수 있는 크기이다.

짝짓기를 마친 성충 암 무화과말벌은 성숙하지 않는 무화과의 작은 구멍으로 들어가 산란을 한다. 이 작은 구멍에 힘들여 들어가는 과정에서 어미는 날개와 대부분의 더듬이를 잃게 된다. 산란하면서 어미는 또한 묻혀온 화분을 무화과(주머니 안쪽의) 암꽃 주두에 묻히게 되어 무화과의 수분을 돕는다. 날개와 더듬이를 잃은 어미는 산란 후에 그 안에서 죽게 된다! 무화과가 성숙함에 따라 안쪽의 무화과말벌의 알은 부화하여 유충이 된다. 수컷 알이 먼저 부화해서 번데기 상태를 지나가고 성숙한 수컷 말벌은 아직 알에서 부화하기 전의 암컷과 교미를 한다. 수컷은 암컷이 밖으로 나갈 수 있는 터널을 뚫어 주지만 본인은 대부분이 날개가 없기 때문에 밖으로 나온 후 곧 죽는다. 수컷이 만든 터널을 통해 나온 암컷은 어미가 했던 방식대로 다른 무화과 꽃을 찾아가 알을 낳을 것이다.

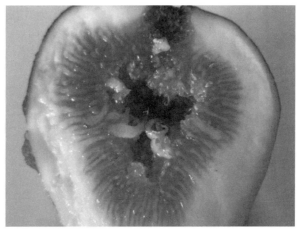

[사진 4-3.10] 무화과 열매 종단
주머니 모양 화탁 안쪽의 많은 암꽃들이 각각 수과로 성숙한다.

5장

겉씨식물

겉씨식물, 꽃 없이 씨앗을 만들어 낸다!

종자식물이란 말 그대로 씨앗을 맺는 식물을 이르는 말이다. 씨앗이란 밑씨 안의 난자와 난자에 도달한 정자가 수정한 후 그 밑씨(배주)가 자라서 만들어진 것이다. 씨앗 안에는 배가 들어 있다. 앞 장에서 그림과 함께 이미 언급한 것처럼 종자식물은 겉씨식물(꽃과 열매가 없음)과 속씨식물(꽃과 열매가 있음)로 나누어진다. 속씨식물은 밑씨가 씨방에 의해 완전히 둘러싸여 있으므로 '속씨' 식물이고, 겉씨식물의 경우에는 씨방이 없으므로 밑씨가 대포자엽의 표면에 달리거나 종구의 종린 위에 놓이는 등 공기 중에 나출되므로 즉 씨앗이 겉에 있기 때문에 '겉씨' 식물이라고 한다. 겉씨식물은 초등학교 아니 유치원 시절부터 들어왔지만 허다한 사람이 겉씨식물을 잘 이해하지 못하고 있다. 왜 그럴까? 여러분을 가르친 선생님도 겉씨식물의 개념을 잘 못 배우셨거나 기존의 용어 때문에 혼란스러우셨을 수도 있다.

우리가 살고 있는 지구에는 과연 언제부터 숲이 있었을까? 지구라는 이 매력적인 행성은 '뜨거운' 불덩이로 태어났고 차가워지는데 정말 많은 시간이 필요했다. 46억 살 정도인 우리의 지구는 아직도 자신의 열정을 다 식히지 못해 가끔씩 뉴스를 통해 '나 아직 살아 있소!'하고 활화산 이야기를 전해 주고 있다. 지구와 지구상의 모든 생명체의 삶의 방식 자체가 '끊임없는 변화'임을 기억해 보면 처음부터 숲은 없었을 것이고 숲이 생기기 시작했을 때는 현재의 숲과는 당연히 여러 면에서 상당히 달랐을 것이다.

쿡소니아(*Cooksonia*)! 네가 육상식물의 시작이구나!

바다 속이 아닌 땅에 살았던 최초의 지상 식물은 어떤 식물일까? 그리고 그 식물은 언제 지구에 출현했을까? 지구가 생명체를 품기 시작하고 한참 후일 것이다. 우리 인간의 성장발달을 태아기, 영아기, 유아기, 아동기, 청소년기, 청년기, 장년기, 노년기로 나누는 것처럼, 지구도 지각이 형성된 이후 인류역사가 시작되기 전까지 약 38억 년간의 지질 시대가 있다. 지구의 지질 시대 중 고생대는 전기고생대(캄브리아기, 오르도비스기, 실루리아기)와 후기고생대(데본기, 석탄기, 페름기)로 나눈다. 최초의 육상 식물로서 오르도비스기[1]에 대륙의 가장자리에 살았던 것으로 여겨지는 양치식물 쿡소니아*Cooksonia*가 있고 이후 실루리아기에 출현한 싸일로파이톤*Psilophyton*[2]이 라는 양치식물이 있다.

	지질 시대	출현 생물
고생대	캄브리아기	
	오르도비스기	지상식물 출현
	실루리아기	
	데본기	숲 형성(침묵의 숲)
	석탄기	대형 양치식물
	페름기	소철류, 은행류
중생대	트라이아스기	
	쥐라기	겉씨식물, 공룡 번성
	백악기	속씨식물 출현
신생대	고제삼기	
	신제삼기	
	제사기	현재의 나

[그림 5-1] 지질 시대와 출현 생물

앗, 양치식물이 키가 40미터였다고?!

그렇다면 지구상에서는 언제부터 숲이 생겨났을까? 숲이라고 부를 수 있을 정도가 된

---

1   오르도비스기(4억 8,830만 년 ~ 4억 4,370만 년 전): 고생대 6개 기 중 두 번째 기로서, 캄브리아기와 실루리아기 사이에 있다.

2   싸일로파이톤(*Psilophyton*): 고사리와 비슷한 하등 양치식물. 뿌리와 줄기의 구분이 있고 길이 약 40 cm, 지상부 줄기에 가시가 돋고 작은 잎이 달려 있는 녹색 양치식물이다.

경우는 아마도 후기고생대 데본기[3]에 가능했던 것 같다. 물론 이 때 숲을 이루고 있는 식물들은 고생 식물로서 석송, 속새류 등 양치식물들이 대부분이었을 것으로 추정된다. 이 시기에는 식물들이 조용하게 그러나 쑥쑥 자라고 있는 '침묵의 숲'이었고 현재의 숲과는 전혀 다른 얼굴을 하고 있었다. 왜 침묵의 숲일까? 아직 숲에 다양한 곤충이나 지저귀는 새, 소리 내는 동물들이 없으니 바람 소리 외에 적막만이 흘렀을 것이기 때문이다. 이런 침묵은 석탄기에도 이어지는데, 이 시기에는 거대 양치식물들이 큰 숲을 형성하여 지구를 뒤덮던 시기로서 노목, 인목, 봉인목, 코다이트가 가장 유명한 양치식물들이다. 한국인에게는 양치식물 하면, 전주비빔밥에 넣는 재료인 '고사리'가 가장 먼저 떠오르겠지만, 이 시기의 양치식물들은 그 크기에 있어서 우리의 상상을 초월하는 식물들이다. 화석 연구에 따르면 이 시기에 자랐던 인목은 보통 키가 40 m, 지름이 1 m 정도였으니 그들의 위용이 대단했을 것이다.

양치식물, 석탄이 되어 돌아오다!

지구의 석탄기에 전성기를 이뤘던 이 양치식물들은 앞선 데본기에 시작한 바리스칸 조산운동[4]으로 인해 지층 깊이 묻히게 되고, 새까만 석탄이 되었다. 이것은 인간이 오래전부터 사용해오던 것으로 한 번 사용하면 재생이 되지 않는 대표적인 화석연료 중 하나이다. 전 세계의 많은 나라에서 아직도 이 '석탄'을 연료로 사용하고 있으며, 우리나라에서도 석탄으로 만든 연탄을 사용하는 곳이 많이 남아있다.

겉씨식물, 중생대를 지배하다!

그렇다면 겉씨식물은 언제 지구에 나타났을까? 고생대 페름기[5]에 들어서야 씨앗을 맺던 고대 양치식물에서 발달한 겉씨식물이 나타나기 시작했다. 초창기에 출현한 겉씨식

---

3 데본기(4억 1,600만 년 ~ 3억 5,920만 년 전): 고생대 실루리아기 다음의 시기이며 석탄기 전까지에 해당하는 고생대 시기이다.

4 조산운동(造山運動): 판과 판 사이의 충돌로 인한 대규모의 습곡 산맥을 만들어 내는 지각 변동.

5 페름기(2억 9,900만 년 ~ 2억 5,800만 년 전): 고생대 6기 중 마지막 기, 석탄기 이후의 시기이다.

물은 소철류, 은행류 등이다. 그 이후로 겉씨식물은 중생대를 주름잡으며 최고의 전성기를 누리게 된다. 다시 말해 다양한 겉씨식물들은 하늘을 찌를 듯 꼿꼿한 기개로 높이 솟아 1억 5천만 년 이상 중생대를 호령했던 나무들이다. '중생대'하면, '쥐라기' 시기를 배경으로 한 1993년에 제작된 외국 영화가 떠오른다. 공룡들이 뛰어 다니고 생존하기 위해 서로 치열하게 싸우던 장면들, 겉씨식물들이 자라는 울창한 숲들이 영화감독과 제작진의 상상력이 동원되어 화면 가득 멋지게 펼쳐지며 장관을 이뤘었다. 주변에서 흔히 만나는 소철이나 은행나무는 물론이고 소나무, 전나무 등 겉씨식물 나무들을 보면 이제는 상상력을 동원해 보라. 그것은 즐거운 아니면 무시무시한 장면이 될 수도 있겠다. 하지만 우리 인간이 그 시기에 살지 않았던 것에 감사하면서 말이다. 바람에 흔들거리며 내는 큰 나무들의 잎새 소리가 멀리서 들려오는가? 그 멋진 나무들 사이를 누비는 공룡들을 상상해 보자. 공룡이 발을 내딛을 때마다 흔들리는 땅의 진동이 느껴지는가? 고개를 쭉 내밀고 내는 공룡들의 우렁찬 소리가 귓가에 들리는가?

[그림 5-2] 겉씨식물이 전성기를 이룬 중생대의 숲과 공룡들 상상도

휘발유 자동차 운전, 공룡 네 덕이었구나!

알프스 조산운동이 쥐라기에 시작해서 신생대 제3기 중신세에 종료가 되는데, 이 조산운동으로 공룡과 같은 거대 동물들이 지층 깊숙하게 묻히게 되었고, 그 덕에 석유가 만들어진다. 이 석유에서 추출 과정과 비등점 차이에 따라 휘발유, 등유, 경유, 중유가 만들어진다. 우리가 차를 운전할 때 아니면 기름보일러 등에 사용하는 이런 기름이 거대 동물들의 희생의 결과인 셈이다. 이것도 역시 석탄과 마찬가지로 한 번 사용하면 다시 재생되지 않는 화석연료이다. 현대의 인간은 이제 석탄이나 석유와 같은 화석연료의 사용을 줄이고 지구의 환경을 생각하는 대체 에너지 생산에 많은 노력을 기울이고 있으며 전기차, 수소차 등이 많이 상용화되고 있는 단계이다.

백악기에 홀연히 나타난 식물계의 혁명, 꽃!

겉씨식물들의 이 찬란했던 오랜 시간의 최성기가 영원할 수는 없었다. 앞서 언급한 것처럼 생명체의 삶의 방식은 '끊임없는 변화'이기 때문이다. 꽃을 피우지 않고 오랫동안 지구를 점령했던 겉씨식물 사회에서 하나의 혁명과 같은 사건이 발생하는데 그것은 바로 홀연히 나타난 '꽃'이다. 중생대 후반기인 백악기에 드디어 '꽃'이 피는 원시 속씨식물이 나오게 된다.

가루받이를 바람에만 의존했던 겉씨식물들은 수분의 확률을 높이기 위해 정말 많은 양의 '소포자pollen6'를 만들어야 했다. 엄청난 양의 노란 가루를 내는 봄철의 소나무를 생각해 보라. 나무들은 전략을 바꿀 필요가 있었던 것이다. 즉 꽃의 출현은 나무가 에너지를 많이 쓰지 않고도 효율적으로 수분을 할 수 있는 방법이 가능하게 한 것이다.

지구에 출연한 원시 속씨식물들은 점차 아주 오랜 시간에 걸쳐 놀라운 발전을 거듭하게 되는데, 꽃이라는 생식구조 안에 아주 적은 양의 화분을 만들고도 수분할 수 있는 방법들을 터득하게 된다. 바람에 의지하기보다는 수분 도우미를 부르기로 한 것이다. 꽃 안에 자신의 수분 도우미인 매개자를 유인할 달달한 단물을 숨겨 두거나, 꽃잎 등 화려한 색깔의 옷을 입거나, 수분 매개자가 좋아하는 달콤한 향기(사람에게는 그것이 고약한 냄새

---

6   소포자(pollen)(⚥): 꽃이 없는 겉씨식물에서 화분이라고 부르는 것은 적절하지 않다. 봄에 날리는 소나무의 소포자를 '송화가루'라고 부르는 한국인에게는 친숙하지 않아 어색하기는 하지만 겉씨식물에서는 '소포자'라고 부르는 것이 낫다.

일 수도 있다)를 풍기거나, 매개자 곤충을 속이기 위해 곤충의 배우자의 모습을 흉내 낸 꽃 모양을 만들어 내는 등 꽃의 그 다양성은 거의 끝이 없어 관찰자인 우리를 한없이 놀라게 한다. 수많은 전략으로 수분을 도와줄 매개자를 적극적으로 이용하고 유인해 내는 식물들을 보면서 생각에 잠겨본다. 식물은 과연 땅에 뿌리를 박고 평생 한자리를 지키며 수동적인 삶을 사는 존재에 불과하다고 치부할 수 있을까? 그리고 식물의 대부분은, 물론 예외는 있지만, 자신의 수분을 도와주는 매개자의 수고로움에 대해 대부분 그 대가를 치르는 양심적인 생명체이다. 사실 지구상의 수많은 생태계 내에는 각자의 환경과 사정에 맞게, 너무 과하지 않게, 서로 돕고 도움을 받으며 공존하는 생명체들이 서로 균형과 질서를 이루며 살아가는 것이다.

겉씨식물, 씨앗이 성숙하는데 3년이 걸리기도 한다고?!

지구상에 현존하는 겉씨식물은 소철류, 은행나무과, 종구種毬식물류(송백류) 그리고 네타목(마황류)으로 구성되어 있다. 하지만 이 네 개의 그룹들은 '씨'가 씨방 안에 들어있지 않고 겉으로 나와 있다는 공통점 말고는 서로 상당히 다르다. 중생대 지구를 통치했던 겉씨식물은 많은 종이 멸종되고 지금은 겨우 15과에 75~80속, 약 1,000종이 현존하고 있다. 네타목을 제외한 모든 겉씨식물은 속씨식물과는 다르게, 목부에 헛물관(가도관; tracheids)만을 갖는다. 이것은 어떤 상황에서는 속씨식물의 물관보다 물을 수송하는 데 있어서 덜 효율적인 것으로 알려져 있다. 또한 겉씨식물은 속씨식물에 비해 생식이 비교적 느린 편이다. 수분과 수정 사이에 길게는 일 년까지의 시간이 필요하고, 씨앗이 성숙하는데도 길게는 3년이 걸리기도 한다. 겉씨식물은 수정에 있어서는 한 개의 정자만이 참여하는 단수정을 한다. 반면에 속씨식물은 화분관을 통해 나온 두 개의 정자 중 하나가 난자와 수정해서 수정란을 만들고, 나머지 정자와 극핵 두 개가 만나 수정해서 배유를 만드는 중복수정을 하며, 겉씨식물에 비해 생식이 빠른 편이다(Judd *et al*., 2016). 속씨식물은 씨앗이 발아하여 식물체로 자라 꽃을 피우고 다시 씨앗을 생산하는데 어떤 일년생 초본류의 경우에는 겨우 몇 주밖에 걸리지 않는 것도 있다.

겉씨식물 풀은 없다!

겉씨식물 중에 풀 종류가 있다고 들어본 적이 있는가? 겉씨식물은 모두 목본식물이다! 즉 교목이거나 관목이거나 목본성 덩굴이다. 지구상의 추운 곳인 한대지역이나 북극지역에서는 겉씨식물이 우점 종으로서 그곳을 지배하고 있는 곳이 많다. 살아있는 나무로서 가장 나이가 많은 나무와 가장 키가 큰 나무 등 세계 신기록을 보유하고 있는 종들도 모두 겉씨식물이다.

소철목
[Cycadales; Cycads]

5.1 겉씨식물

소철목Cycadales; Cycads은 매우 오래된 화석 역사를 가지고 있으며, 고생대 페름기에 지구상에 출현한 고대 식물 그룹이다. 소철류 식물의 정자는 스스로 움직이는 자동성이기 때문에 정자가 밑씨의 난자에 도달하기 위한 소포자관pollen tube이 없다. 이후에 지구에 출현하는 소나무과 측백나무과 등 다른 겉씨식물들은 소포자관을 통해 정자가 이동해서 난자에 도달하므로, 소철류의 이런 것은 덜 진화된 즉 원시적인 특징들 중 하나라고 할 수 있다.

소철류는 자라는 겉모습을 보면 '야자수 같은 것(주로 소철과)'과 '양치식물 같은 것(주로 자미과; 플로리다소철과)'으로 나눌 수 있다. '야자수 같은 것'은 마치 야자수 겉모습과 비슷하여 원통형의 줄기가 하나 있고 거기에서 갈라지는 가지가 없다. 이들이 주로 분포하는 열대나 아열대 지역에서 나무높이는 크게는 18~20 m까지 자라며, 줄기의 꼭짓점에서 잎들이 로제트형으로 모여 나는 특징이 있다. 한국에서의 소철은 제주도나 남부지방 일부를 제외하고 주로 커다란 화분에 심어 키우니 자연 분포지에서 자라는 자생 소철류의 그 크기와 많은 차이가 있다. 소철류 식물 중 어떤 것들은 '양치식물 같은 것'으로서 고사리처럼 줄기가 옆으로 뻗지는 않지만 그 줄기가 땅속에 있고 잎만이 지상 위로 나와 펼쳐진다.

많은 다른 식물들처럼 소철류도 박테리아와 공생한다. 소철류 식물은 바다 산호의 모습과 닮았다고 해서 붙여진 '산호 모양의 뿌리'가 있다. 이런 뿌리는 씨아노박테리아cyanobacteria와 공생하며, 콩과의 뿌리혹박테리아가 질소를 고정하는 것처럼, 이 박테리아도 질소고정을 한다. 즉 이 박테리아는 공기 중에 있는 기체 상태의 질소를 소철류가 사용할 수 있는 상태로 고정시켜서, 척박한 토양상태의 서식지에서도 소철류가 성장을 잘 하도록 도와준다. 그런데, 소철류는 줄기가 1미터 정도 자라는데 세상에 500년이나 걸린다! 중생대 쥐라기의 소철숲에서는 캠토사우루스 공룡들이 소철류 잎을 먹이로 먹었다는데, 그런 울창한 숲은 얼마나 오래되었을지 가늠하기 조차 어렵다.

[표 5-1.1] 소철목 소철과와 자미과(플로리다소철과)의 비교

	자라는 겉모습	깃꼴 겹잎	암생식기관
소철과	- 야자수와 비슷함 - 원통형 줄기에 갈라지는 가지가 없이 줄기 끝 중앙에 잎이 모여 남	- 작은잎(소엽)이 어릴 때는 고사리 모양으로 말려 있다가 점차 펼쳐짐 - 중앙맥이 하나 있고 측맥 없음	- 원통형 대포자수를 형성하지 않음 - 잎처럼 생긴 대포자엽이 줄기 끝에 느슨하게 모임 - 깃모양으로 결각이 지며, 아래 부분 가장자리에 밑씨가 2-8개 달림
자미과	- 야자수와 비슷한 종도 있지만 주로 양치식물과 비슷함. - 줄기가 보통 지하에 있고 잎이 지상위로 나옴	- 어린 작은잎은 납작하거나 두 겹 - 중앙 맥이 있거나 없고 다소 평행인 측맥이 다수이거나, 또는 중앙맥이 있고 차상 측맥 또는 단순 측맥 다수	- 원통형 대포자수를 형성함 - 중앙 축에 대포자엽이 배열되며, 대포자엽은 상당히 축소되어 판상 또는 복와상이며 엽 하나에 배주 2개가 달림

소철목에는 1속을 가지고 있는 소철과^Cycadaceae와 9개의 속을 가지고 있는 자미과^Zamiaceae 가 있다. 두 개의 과는 다음과 같은 차이를 보인다. 먼저 소철과의 작은잎(소엽)은 어릴 때 마치 양치류의 잎에서처럼 소용돌이로 말려있고, 소엽에 2차맥이 없으며, 대포자엽[7]이 잎처럼 생겼으며 줄기 끝에 느슨하게 모여져 있고, 긴 원통형 모양의 대포자수[8]를 만들지 않는다. 반면에 자미과는 소엽이 어릴 때 납작하거나 접합상으로 되었고, 잎의 주맥이 있거나 없고, 대포자엽이 상당히 축소되어 판상 또는 복와상으로 되었으며, 대포자수를

---

[7] 대포자엽(大胞子葉; megasporophylls): 소철은 겉씨식물로서 꽃이 없으므로, 소철 암나무에 나는 암생식구조이다. 밑씨가 여기에 매달려 있다.

[8] 대포자수(大胞子穗; megasporangiate strobilus): 소철목 자미과에 나오는 암생식기관이다. 암나무에 1개에서 여러 개가 나무 끝 중앙에 모여 나며, 공모양, 달걀모양, 원통모양 등이다. 대포자수 중앙에 축이 있고 축에 대포자엽이 달리며, 대포자엽에는 2개의 밑씨가 달려있다.

만든다. 수나무의 경우에 소철과이든 자미과이든 수생식기관으로서 '소포자낭수[9]'가 있다. 소철류가 암수딴그루인 것은 성염색체의 지배를 받기 때문이라고 여겨진다.

소철류의 씨앗은 흔히 분홍, 주황, 빨강 등으로 밝은 색깔을 띤다. 씨앗의 바깥층이 육질이어서 새, 박쥐, 주머니쥐, 거북이 등 많은 동물들을 이용해서 멀리 씨앗을 퍼트린다. 어떤 종은 암생식구조인 대포자엽의 색깔이 밝은 색이어서 다양한 동물들을 유인할 수 있다. 씨앗 바깥층이 스펀지처럼 되어 있어 부력을 이용해 해류를 타고 분산되는 것도 있다.

5.1.1 소 철 과[Cycadaceae; Cycad Family] ···

소철과는 1속^{Cycas}으로서 20여 종이 있는데, 우리가 주변에서 관찰할 수 있는 소철이 바로 이 속에 들어 있다. 줄기 끝에 로제트형으로 모여 나는 잎이 새의 날개깃모양(우상)으로 나오는 상록성 겹잎(복엽)이다. 작은잎(소엽)이 어렸을 때는 마치 양치류의 잎처럼 소용돌이로 말려있으며, 소엽의 중앙에 하나의 주맥이 있고 그 외 2차맥이 없는 것이 특징이다.

암나무와 수나무가 따로 있어서 암수딴그루(자웅이주) 식물이다. 암나무에 밑씨(배주)가 달리는 대포자엽(♀)이 잎처럼 생겼으며 줄기 끝 중앙에 느슨하게 모여져 있다. 이와는 다르게 자미과는 대포자수를 형성한다. 밑씨는 대포자엽의 아래 가장자리에 2~8개가 있고, 성숙한 종자는 크고, 약간 납작하며, 밝은 색의 육질로 된 외피 층으로 싸여 있는 것이 특징이다. 소철목의 수나무의 생식기관은 소포자낭수(♂)인데 대포자수(♀)에 비해 좀더 길쭉한 원통형이며, 중앙에 축이 있고 축에는 소포자엽들이 달려 배열하고 있다. 소포

---

9 소포자낭수(microsporangiate strobilus; 小胞子囊穗): 원뿔모양의 수생식기관, 중앙 축을 중심으로 소포자엽이나 수포자낭이 빼곡하게 배열됨. 1개에서 여러 개가 나무 끝 중앙에 모여 나며 주로 긴 원통모양이다. 소포자엽에 소포자낭이 달린다.

자pollen를 내는 여러 개의 소포자낭[10]은 소포자엽의 배쪽(아래쪽)에 있다.

소철속의 식물들은 주로 어디에 살까? 마다가스카, 아프리카, 남동 아시아, 말레이시아, 호주, 폴리네시아에 주로 분포하며, 숲이나 열대 지방의 초원에서도 발견된다. 소철과 내의 여러 종들이 화재에 내성을 보이는데, 그 이유는 정단분열조직[11]이 지하에 있거나 상록성 잎자루에 의해 보호되기 때문이라고 알려져 있다.

소철속에서 온대지방의 몇 종은 관상수로서 매우 인기가 있으며, 줄기에는 싸고sago녹말이 저장되어 있어 식량부족의 시기에 남태평양의 토착민들은 식량원으로 사용했다. 씨앗은 이 녹말의 20~30%를 가지고 있어 독성을 제거한 후라면 식용할 수 있다.

① 소철[*Cycas revoluta* Thunb.]

한국의 제주도나 전남지방에서는 소철이 조경수로 많이 식재되고 밖에서도 겨울에 잘 살아남는 편이다. 소철은 중국 동남부, 일본의 규슈 남부, 대만 등에 분포하며(김태영과 김진석, 2018), 자라는 겉모습이 야자수형으로서 줄기가 갈라지지 않으며, 상록 관목이거나 때로 상록 소교목으로 자라기도 한다.

잎이 진 후에 잎자루 부분이 남아 목본성 줄기를 덮고 있고, 살아 있는 잎은 줄기 꼭대기 부분에 로제트형으로 모여서 난다. 잎은 새의 깃털모양 겹잎으로서 그 길이는 0.5 m에서 2 m에 이르기도 한다. 겹잎에 달린 작은잎(소엽)은 선형 모양이고 길이는 10센티미터 안팎으로, 중앙에는 하나의 맥이 있다. 잎의 가장자리는 거치가 없어 밋밋하다. 소엽의 끝이 배쪽으로 살짝 굽는 것이 특징이다. 나자식물이면서 우리나라에서는 이처럼 복엽으로 나오는 것은 소철이 유일하다고 할 수 있다.

소철은 암수딴그루로 가루받이(수분) 하기 위해 바람의 도움을 받기도 하고 곤충 중에서 주로 딱정벌레류가 수분을 도와준다. 암생식기관인 대포자엽(배주엽)은 암나무 줄기 끝 중앙에 갈색으로 느슨하게 모여 있다. 배주엽의 아랫부분에 말 그대로 겉으로 나출되

---

10   소포자낭(microsporangium): 소포자(pollen)가 들어있는 주머니
11   정단분열조직(apical meristem): 식물이 생장하는 축 윗부분에 존재하며, 세포를 증식하는 조직이다. 줄기나 가지 끝에 있는 끝눈(정아)은 좋은 예가 될 수 있다.

어 달렸던 밑씨는 수정 후 11~12월 정도에 씨앗으로 성숙하는데, 길이는 4센티미터 안팎이고 길쭉한 달걀 모양이며 색깔은 짙은 주황색 계열이다. 소철은 생식기관이 관찰될 때 외에는 잎만을 관찰해서 암나무와 수나무를 구별하기 어렵다.

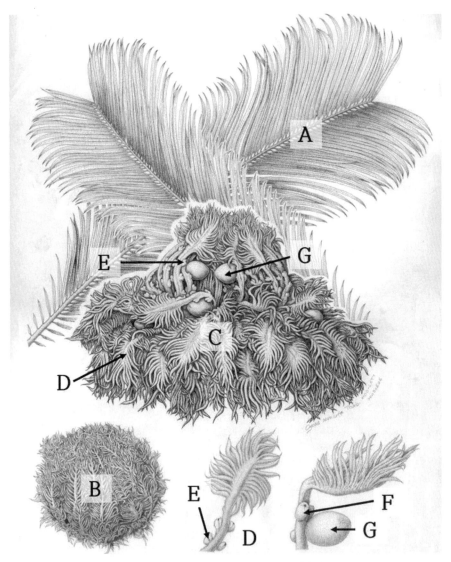

[그림 5-1.1] 소철(*Cycas revoluta*) 암(♀)나무의 구조
A: 우상엽(소엽끝이 반곡되어 배쪽으로 살짝 굽음), B: 성숙 중인 어린 배주엽, C: 성숙한 배주엽,
D: 배주엽(배주가 달림), E: 배주, F: 성숙 중인 씨앗, G: 성숙한 씨앗

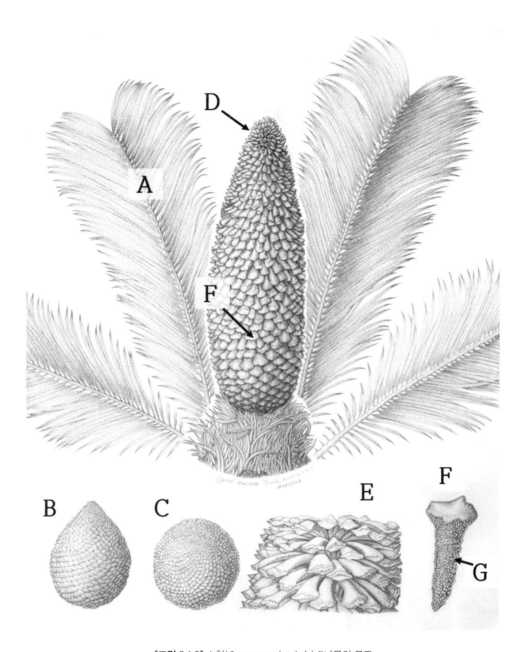

[그림 5-1.2] 소철(*Cycas revoluta*) 수(♂)나무의 구조
A: 우상엽(소엽끝이 반곡되어 배쪽으로 살짝 굽음), B: 성숙 중인 소포자낭수(적도상 모습),
C: 성숙 중인 소포자낭수(극상 모습), D: 성숙한 소포자낭수, E: 소포자낭수 축에 배열된 소포자엽들,
F: 성숙한 소포자엽, G: 소포자엽의 배쪽에 달린 소포자낭들

줄기 중앙에 새로 나온 잎의 말린 어린 소엽들

말렸던 소엽이 점점 펼쳐짐

로제트형으로 펼쳐진 소철잎(생식기관이 관찰되는 때에만 나무의 암수구분 용이함)

[사진 5-1.1] 소철잎(선형의 전연 소엽이 깃털처럼 배열됨)

[사진 5-1.2] 소철 암나무 줄기 끝 중앙에 암생식기관 배주엽들
자미과와는 달리 소철의 암생식기관들은 원통형 또는 공형의 대포자수(大胞子穗)를 만들지 않고 느슨하게 모여있다.

A: 배주(밑씨) 1   B: 배주(밑씨) 2

[사진 5-1.3] 소철 암나무의 암생식기관 배주엽과 배주(A와 B의 동그라미)

[사진 5-1.4] 소철 암나무 줄기 끝 중앙의
암생식기관 배주엽과 종자
밑씨가 씨앗으로 성숙하면서 배주엽이 점자 아래로 처짐

[사진 5-1.5] 소철 암나무의 암생식기관 배주엽
사이로 보이는 소철 종자들
씨앗들이 공기 중에 나와 있으니 겉씨식물이다.

[사진 5-1.6] 소철 암나무 종자의 확대된 모습

[사진 5-1.7] 소철 수나무 줄기 끝에서 성숙중인 어린 소포자낭수(小胞子囊穗)(꼭대기에서 본 모습)

[사진 5-1.8] 소철 수나무 줄기 끝에서 성숙중인 어린 소포자낭수(측면에서 본 모습)

[사진 5-1.9] 수나무 줄기 끝 중앙에 성숙한
길쭉한 원통형의 소포자낭수 밑부분
소포자엽 윗부분(등쪽)에서는 소포자낭이 보이지 않는다.

[사진 5-1.10] 소포자엽 윗부분과 수분매개자 딱정벌레류
소포자엽 윗부분(등쪽)에서는 소포자낭이 보이지 않는다.

성숙한 소포자낭수

소포자엽 아래부분(배쪽)
소포자엽을 뒤집으면 아랫부분(배쪽)에 많은 소포자낭이
달려 있다. 윗부분(등쪽)에는 소포자낭이 달리지 않는다.

[사진 5-1.11] 소철 수나무의 수생식기관 소포자낭수(왼쪽)와 소포자엽(오른쪽)

5.1.2 자 미 과[Zamiaceae; Coontie Family; 플로리다소철과] ....

이 과는 자라는 겉모습이 주로 양치식물 비슷하지만 종에 따라 야자수 비슷한 것도 있다. 즉, 줄기가 지하에 있고 깃털형 겹잎만 지상 위로 나오는 종도 있고 또는 지상 위로 원통형의 줄기가 나고 갈라지는 가지 없이 줄기 끝 중앙에 깃털형 겹잎이 모여 나는 종이 있다. 야자수형인 종은 크게는 18 m까지 자라기도 한다. 이 과도 소철과와 마찬가지로 상록성 식물이다. 소엽의 2차맥이 차상맥[12]으로 나는 식물속*Stangeria*도 있다. 자미과 식물은 종에 따라 잎의 가장자리에 거치가 없거나 치아상이거나 날카로운 것도 있다.

암수딴그루이다. 암나무에서는 대포자엽이 원통형 또는 공형 대포자수의 중앙 축에 촘촘하게 달린다. 대포자수는 줄기 끝 중앙에 한 개에서 여러 개가 나온다. 각 대포자엽에는 두 개의 배주가 달렸다. 씨앗은 길이가 1~2 cm 정도이고 가로로 자르면 다소 원형에 가깝다. 씨앗의 겉 층은 육질이며 흔히 밝은 색깔을 띠고 안쪽 층은 딱딱하다. 떡잎은 두 개다. 수나무에는 소포자낭수가 달리는데, 중앙 축에 소포자엽이 촘촘히 달리고 소포자엽의 아랫부분(배쪽)에 수많은 작은 소포자낭이 달린다. 소포자낭수는 줄기 끝 중앙에 한 개에서 여러 개가 모여 나온다. 수나무의 소포자낭수는 암나무의 대포자수에 비해 원통이 비교적 좁고 더 길쭉한 편이다.

이 과의 식물은 주로 아프리카, 호주 등지의 척박하거나 마른 곳 또는 열대 숲에서 자란다. 소철과에 소철속만 있지만 이 과에는 9개의 속에 100종이 넘게 있다. 우리나라에 분포하는 종이 아니고 외래종이므로 실내 관엽식물[13]로 몇 종이 들어와 있다. 한국에서는 '멕시코소철'과 '플로리다소철' 등이 식물원이나 수목원에 간혹 전시가 된다. 일반인들도 꽃집에서 살 수 있는 종으로서 이 식물들은 모두 '자미아속*Zamia*' 식물들이다.

---

12 차상맥(叉狀脈): 맥이 계속 둘로 분기하여 영어 알파벳 Y자 모양으로 갈라지는 원시적인 잎맥으로서 은행나무, 고비 등에서 발견할 수 있다.

13 잎을 관상하기 위해 기르는 식물. 그 식물이 속씨식물이면 꽃이 피는 것도 기대할 수 있다. 잎의 색변으로 생겨난 무늬에 따라 값어치를 높이기도 한다.

① 멕시코소철[*Zamia furfuracea* L.f.]

멕시코소철은 멕시코 동부에 자생하는 것으로 자라는 겉모습을 보면 야자수 비슷하다. 어릴 때는 무척 느리게 자라지만 줄기가 성숙하면 성장에 속도가 붙는다. 자생지에서는 잎을 포함해서 길이 1.3 m 정도로 자라는 것으로 알려져 있으나, 우리에게는 외래종이기 때문에 한국에서는 화분에 담겨 실내 관상수로 사람들이 많이 찾는다.

깃털형 잎은 줄기 끝 중앙에 모여 나며, 소엽은 6~10쌍 정도이다. 녹색 소엽은 상당히 뻣뻣하고 갈색털이 있으며 소엽의 끝 쪽으로 치아상 거치가 약간 있다.

암수딴그루이며 암나무 줄기 끝 중앙에 암생식기관인 갈색 계열의 길쭉한 달걀모양의 배주수가 나온다. 수나무 줄기 끝 중앙에는 수생식기관인 소포자낭수가 나오며 곤충 *Rhopalotria mollis*이 수정을 돕는다. 햇볕에서도 그리고 그늘에서도 잘 자라기 때문에 실내에서도 키우기 쉬운 편이다. 씨앗은 성숙하면 밝은 진홍색으로 되며, 식물의 모든 부위가 인간을 포함해 동물에 독성이 있으나 현재는 해독법이 없는 것으로 알려져 있다.

[사진 5-1.12] 멕시코소철
줄기는 땅 밑으로 있고 줄기 끝 중앙에서 깃털형 잎이 모여남

[사진 5-1.13] 멕시코소철의 깃털형 겹잎(복엽) 한 개

[사진 5-1.14] 멕시코소철 작은잎(소엽) 끝의
치아상 거치(동그라미 안)

[사진 5-1.15] 멕시코소철의 엽축과 작은잎에 갈색 털

은행나무목에는 현존하는 것으로는 하나의 과인 은행나무과가 있다.

5.2.1 은 행 나 무 과[Ginkgoaceae; Maidenhair-Tree Family] ....

① 은행나무[*Ginkgo biloba* L.]

[사진 5-2.1] 밑에서 바라본 은행나무 교목 성상

은행나무의 자생지에 관한 정확한 기록은 찾기 힘들며, 중국이 아닌가라고 추정하고 있다. 은행잎은 한국인이 볼 때 흔히 그 모양을 합죽선과 같은 접부채의 펼친 '부채 모양'으로 여기지만, 서양인의 눈에는 그 모양이 소녀의 '단발머리 모양'으로 보인 것 같다. 그들은 그런 이유에서 은행나무를 그들만의 식으로'maidenhair-tree'라고 부른다. 가을의 노란색 잎은 금발 단발머리 모양으로 여겨지는 것이다.

[사진 5-2.2] 잎이 노랗게 물든 가을철의 은행나무 가로수

은행나무의 최초의 화석은 고생대 이첩기 페름기의 것으로 알려져 있고, 은행나무는 중생대 쥐라기에 자신의 최고 전성기를 이뤘다. 공룡과 같은 거대 동물들과 함께 중생대의 지구를 주름잡았던 은행나무이지만 현대 도시인에게는 가을철에 바닥에 떨어지는 냄새나는 씨앗 때문에 애물단지가 되기도 한다. 그러나 아직도 동네 가로수나 정원에 여전히 씩씩하고 꿋꿋하게 자신의 절개를 지키고 있다. 은행나무 화석의 잎과 현재의 잎을 비교했을 때 그 긴 시간의 진화적 역사 동안에도 거의 변하지 않았음을 관찰할 수 있는 것은 정말 흥미롭다. 그래서 은행나무는 '화석나무'라는 별명을 가지고 있기도 한다. 현존하는 은행나무는 1목 1속 1종이다. 같은 시대를 풍미했던 수많은 공룡들이 멸종되었지만 은행나무는 살아남았으니 대단하다. 그 많았던 친척뻘 되는 다른 식물들은 다 어디로 간 것일까? 과거에 은행나무와 가까웠던 식물로서 세 개 정도의 과가 있었고 여러 종들이 넓게 분포했을 것이라고 여겨지는데 그들은 모두 멸종한 것이다(Judd et al., 2008). 씨앗을 음식으로 먹고 멀리까지 퍼뜨려주던 매개동물도 오래전에 멸종되었는데, 지금은 인간이 그 일을 대신해주고 있다고 할 수 있다.

[사진 5-2.3] 가을철에 떨어진 은행나무 잎

우리는 은행나무를 자주 심고, 은행을 식용하지 않는가? 한국인들의 은행나무 사랑은 좀 남다른 편이다. 은행나무가 경기도, 충북, 경북, 경남 등에서는 도목으로 지정되었고 서울시, 안산시, 사천시 등에서는 시목으로 지정된 것을 보면 단적으로나마 그것을 알 수 있다. 은행나무는 현재 자신과 비슷한 나무가 하나도 남아있지 않는 식물로서 말 그대로 유아독존하며 혼자 뽐내는 것이 당연하게 되었다. 나무의 수고(키)는 보통 30 m로 자라지만 60 m 정도까지도 자라는 것으로 알려져 있다. 한국에는 천연기념물 제30호로 지정된 용문사 은행나무가 있으며 키가 42 m, 나이는 1,100살 정도로 추정된다.

[사진 5-2.4] 은행나무 엽흔(동그라미 안)과
엽흔 내 2개의 관속흔

은행나무의 잎은 현존하는 겉씨식물의 어느 잎과도 닮지 않았으며, 독특하게도 부채형이다. 따라서 한국인이면서 잎을 보고 은행나무를 모르는 사람은 거의 없는 것 같다. 이 잎은 봄과 여름에는 녹색이었다가 가을에는 밝은 노란 색으로 된 후 낙엽이 되는데, 거목 은행나무가 잎을 떨구는 시기는 실로 장관이다. 낙엽이 되면 가지에 엽흔과 더불어 두 개의 관속흔이 남는다. 수관은 약간 비대칭을 이루고 수피는 골이 지는 회색이다. 은행나무에 수지구[14]는

---

14 수지구(樹脂溝): 나무의 진이 분비되는 통로가 되는 나무 세포의 빈틈. 예)소나무류

없다. 잎의 맥은 주맥과 측맥의 구분이 없이 영어 낱자 Y형처럼 둘로 갈라지는 차상맥으로서 매우 독특하다. 은행나무는 단엽으로서 장지에서는 어긋나기(호생)로 나며, 단지에서는 총생하듯 모여난다. 잎은 학명의 종소명*biloba*에서처럼 보통 두 개로 결각이 지거나 결각이 지지 않기도 하고 여러 개로 갈라지기도 한다. 이처럼 잎이 넓게 나오는 것은 대부분의 다른 겉씨식물이 침형, 송곳형, 선형, 인형 등으로 나오는 것과는 매우 다른 특징이다. 즉, 겉씨식물은 곧 침엽수라는 오류를 범하지 않도록 해야 할 것이다.

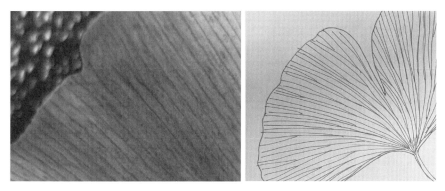

[사진 5-2.5] 차상맥을 보이는 은행나무의 마른 잎　[그림 5-2.1] 차상맥이 관찰되도록 그린 은행나무 잎

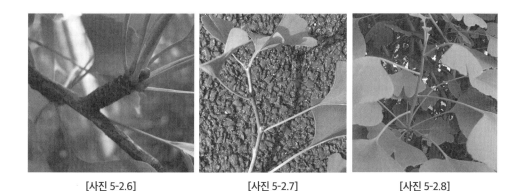

[사진 5-2.6]
은행나무의 단지에 모여 나는 잎

[사진 5-2.7]
은행나무의 장지에서 나는 호생 잎 1

[사진 5-2.8]
은행나무의 장지에서 나는 호생 잎 2

은행나무는 아주 드문 경우를 제외하고는 암수딴그루(자웅이주)이다. 그리고 성염색체를 가지는 드문 식물 분류군 중 하나이다. 암나무는 두 개의 X염색체(XX)를 가지고, 수나

무는 XY염색체를 가진다. 은행나무는 소철류와 마찬가지로 정자가 자동성이기 때문에 소포자관pollen tube이 나오지 않는 원시적 특징을 지닌다. 사실 은행나무는 앞서 언급한 것처럼 현존하고 있는 다른 어떤 겉씨식물과도 가까운 근연을 나타내지 않고 있다.

[사진 5-2.9] 은행나무의 단지에 달린
모여 나는 잎과 소포자낭수(♂)

은행나무는 봄에 바람에 의해서 수분되는데, 수정되기까지는 4~7 개월 정도가 걸린다. 성숙한 종자를 감싸는 육질의 가종피(씨앗의 옷 역할)에 육즙이 있고 강한 냄새를 내는 것을 볼 때 그것을 식용하던 동물이 있었다가 멸종된 것으로 여겨진다.

봄에 수나무의 단지에서 새 잎이 나올 때 수 생식기관인 소포자낭수가 길게 매달린다. 소포자낭수의 가운데 축을 중심으로 하여 여러 개의 소포자낭이 있으며, 소포자낭이 열리고 소포자pollen가 나오게 된다. 성숙한 소포자가 나온 후에 소포자낭수는 바닥으로 떨어져 버린다. 은행나무의 소포자 본체에는 소나무속 등에서 발견이 되는 기낭이 달려있지 않다.

[사진 5-2.10] 은행나무의 단지에
잎과 함께 나오는 밑씨(♀)

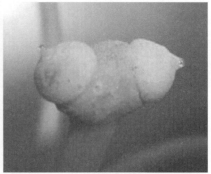

[사진 5-2.11] 배주 끝에 수분을 돕는 물질이 있어
소포자가 잘 안착하도록 돕는다.

은행나무 암나무의 단지에서 봄철(보통 우리나라에서는 4월 정도)에 잎이 나오면서 함께 배주가 달린다. 은행나무는 성숙 발달하여 종자가 되는 배주가 공기 중에 노출되어 있다. 즉, 피자식물의 배주가 자방에 들어가 있는 것과는 상반된다는 것을 알 수 있다. 은행은 배주병(자루)에 두 개의 배주가 달리는 것이 보통이나 간혹 세 개 이상의 배주가 달리기도 한다. 두 개의 배주가 모두 성숙하여 씨앗이 되기도 하고 간혹 그중 하나만이 성숙하여 씨앗이 되기도 한다. 가을철에 노랗게 익은 은행은 열매가 아닌 종자(씨앗)이라는 것을 염두에 두어야 할 것이다. 열매란 피자식물에서 자방이 성숙 발달하여 만들어진 것이기 때문이다.

[사진 5-2.12] 은행나무의 두 개의 배주와 두 개의 종자(씨앗)
위: 암나무 단지에 잎과 함께 달린 배주(배주병에 두 개의 배주가 보임),
아래 왼쪽: 두 개의 배주 모두 종자로 성숙 중. 아래 오른쪽: 두 개의 배주가 모두 씨앗으로 성숙.

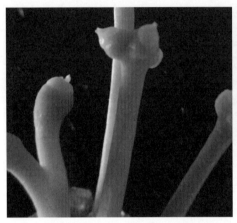

[사진 5-2.13] 은행나무의 자루에 달린 다양한 숫자의 배주(밑씨)와 씨앗
좌: 배주병에 배주 세 개가 달린 경우(중앙),
우: 씨앗이 자루에 세 개 달린 경우와 사진 중앙에 한 개 달린 경우(한 개의 배주만 씨앗으로 성공함)

[사진 5-2.14] 은행나무의 씨앗자루에 달린 다양한 숫자의 씨앗
은행나무에서 보통 씨앗자루에 두 개의 씨앗이 달리는 것이 일반적이지만, 여러 배주 중 하나만 성공해서
하나의 씨앗(왼쪽)이 관찰되거나, 배주병에 세 개의 배주가 달렸다가 모두 성공해서 세 개의 씨앗이 관찰되는 경우도 있다.

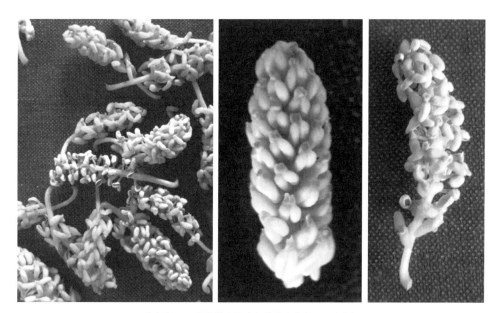

[사진 5-2.15] 은행나무의 수생식기관인 소포자낭수
바닥에 떨어진 소포자낭수들(좌), 소포자낭수에 열리기 전의 소포자낭들이 있음(중앙),
일부가 열린 소포자낭(소포자가 이미 나가고 비어 있음)(우)

종구(種毬)식물목
[Coniferales; conifers]

종구種毬식물목Coniferales; conifers은 소철류, 은행류, 네타목식물을 제외한 나자식물의 나머지 과를 포함한다.

5.3.1 소 나 무 과[Pinaceae; Pine Family] ....

소나무과는 종구식물목에서 가장 큰 과이며, 현존하는 나자식물 중에서 소나무과가 가장 큰 과이다.

성상은 주로 교목이며, 우리가 소나무를 통해 익히 알고 있는 것처럼 소나무과 식물의 잎과 목재에 수지구가 있어 나무껍질과 잎 등에서 독특한 강한 냄새가 난다.

이 과에서 가장 큰 속이 소나무속이기 때문에 소나무과의 잎은 주로 바늘형이지만 선형, 송곳형도 있다. 대부분이 상록성이지만 잎을 가는 나무(그래서 그 이름이 잎갈나무이다!) 즉 낙엽성도 있다.

암 생식 기관인 종구(種毬; cone)의 축에 포린과 종린이 함께 나선상으로 배열된다. 소나무속에서처럼 포린은 종린보다 먼저 생겼다가 일찍 떨어져 버리고 종린은 종구가 성숙해도 종구축에 붙어 있는 식물이 있고, 전나무속에서처럼 포린이 종린의 아랫면(배쪽)에 계속 붙어있고 종구가 성숙하면 포린이 붙은 그대로 종린이 종구축에서 떨어지는 식물도 있다.

소나무과의 식물에서는 포린과 종린이 융합되지 않고, 반면에 측백나무과에서는 포린과 종린이 융합되어 있다는 것이 다른 점이다. 그리고 전나무속 식물은 구상나무처럼 포린이 종린보다 길수도 있고 전나무처럼 포린이 종린보다 훨씬 짧을 수도 있다. 소나무과에서는 종린의 윗면(등쪽)에 밑씨가 두 개가 놓였다가 2~3년 걸려 씨앗으로 성숙하는데, 소나무에서처럼 씨앗의 정단에 날개가 달리기도 하고 잣나무에서처럼 씨앗에 날개가 없기도 한다.

우리나라에서 생육하는 소나무과의 속을 구분하는 검색표는 다음과 같다.

[표 5-3.1] 소나무과의 속 수준의 검색표(성은숙 외, 2021)

1. 잎 모양이 바늘형이다.
　2. 2개 이상의 잎이 모여난다. ··· 소나무속
　2. 잎이 긴 가지(장지)에서는 1개씩, 짧은 가지(단지)에서는 모여난다. ··················· 개잎갈나무속
1. 잎 모양이 선형 또는 송곳형이다.
　3. 송곳형 잎이며, 암 생식 기관(종구(種毬))의 길이가 6 cm 이상이다. ················· 가문비나무속
　3. 선형 잎이다.
　　4. 잎이 낙엽성이다. ·· 잎갈나무속
　　4. 잎이 상록성이다.
　　　5. 잎이 미요두이고, 짧은 잎자루가 있고, 종린이 종구축에 붙어 있다. ··············· 솔송나무속
　　　5. 잎자루가 없고, 종구가 곧추서며, 종린이 떨어진다. ······································ 전나무속

전나무속*Abies*은 우리나라가 속한 북반구에 40 여종이 살고 있다. 암수한그루이기 때문에 한 나무 안에 암 생식 기관도 수 생식 기관도 다 있다. 잎은 선형이며 윗면 중앙에 오목한 주맥이 있고 뒷면에서는 주맥 양쪽에 하얀색 숨구멍줄(기공조선)이 있다. 종구는 위로 곧추서고 성숙하면 종린의 배쪽에 포린을 달고 있는 상태로 종린이 종구축에서 떨어지게 된다.

[표 5-3.2] 소나무과의 전나무속 식물의 검색표(성은숙 외, 2021)

1. 나무껍질은 거칠고, 1년지에 털이 없고 선형 잎의 끝이 뾰족하거나 둔하다.
　2. 잎끝이 뾰족하다. ·· 전나무
　2. 잎끝이 뭉뚝하고, 새 가지의 잎은 끝이 2개로 갈라진다. ······························ 일본전나무
1. 나무껍질이 밋밋한 편이고, 1년지에 털이 있고 선형 잎의 끝이 약간 들어간다.
　3. 종구가 있는 가지의 잎 길이가 15 mm 정도이며 포린 끝이 젖혀지지 않는다. ············ 분비나무
　3. 종구가 있는 가지의 잎 길이가 14 mm 이하, 포린 끝이 젖혀진다.····························· 구상나무

소나무과는 계통적 유연관계를 볼 때, 밑씨(배주)가 종구의 축 쪽으로 주공이 향하는 즉 거꾸로 되어 있는 도생배주이고 그 배주가 성숙하여 씨앗이 되면 날개가 없거나 아니면 씨앗에 날개가 있다면 씨앗의 정단에 놓이는 공통파생형질[15]이 있다. 이런 두 가지 특징은 소나무과가 그 이외의 다른 종구식물들과 다른 그룹으로 구분이 되게 한다. 이처럼 나자식물 중 가장 큰 과인 소나무과는 다시 2개의 아과로 나눌 수 있다. 즉, 개잎갈나무속 *Cedrus*을 전나무아과의 자매그룹으로 보고, 나머지 속들을 소나무아과[Pinoideae]와 전나무아과[Abietoideae]로 나눈다(Judd *et al.*, 2016).

개잎갈나무속(*Cedrus*)

전나무아과(Abietoideae)
전나무속(*Abies*), 솔송나무속(*Tsuga*),
*Keteleeria*속, *Pseudolarix*속

소나무아과(Pinioideae)
잎갈나무속(*Larix*), 가문비나무속(*Picea*),
소나무속(*Pinus*), 미송속(*Pseudotsuga*),
*Cathaya*속

[그림 5-3.1] 소나무과의 계통적 유연관계(Judd *et al.*, 2016)

소나무아과에는 잎갈나무속[Larix], 가문비나무속[Picea], 소나무속[Pinus]과 한국에는 나지 않는 미송속[Pseudotsuga]과 *Cathaya* 속이 속한다. 전나무아과에는 전나무속[Abies], 솔송나무속[Tsuga]과 한국에는 생육하지 않는 *Keteleeria* 속, *Pseudolarix* 속이 있다(Judd *et al.*, 2016).

---

15 공통파생형질(共通派生形質; synapomorphy; 공유파생형질(共有派生形質)): 공유된 파생 형질 상태. 즉, 두 개 이상의 유기체 그룹에 의해 나타나는 공통적인 속성으로, 두 그룹이 진화한 가장 최근의 조상으로 거슬러 올라갈 수 있다. 하지만, 이 형질은 다른 가까운 유연관계 그룹에 의해 표시되지 않을 수도 있다. 그 중 일부가 더 진화했거나 형질을 완전히 잃어 버렸기 때문이다.

| 개잎갈나무속(*Cedrus* Trew)

이 속에 있는 식물들은 한국 자생종이 아니지만, *C. atlantica*, *C. brevifolia*, *C. deodara* (개잎갈나무), *C. libani*(레바논시다; 향백나무; 백향목) 등 다양한 종들이 있으며 이 중 한국에 가장 많이 식재하고 있는 종은 개잎갈나무이다. 사실 일반인들이 흔히 '히말라야시다' 라고 부르는 종이다.

① 개잎갈나무[*Cedrus deodara* (Roxb. ex D.Don) G.Don]

[사진 5-3.1] 소나무과 개잎갈나무(*Cedrus deodara*) 전체 수형

학명 내 종소명 '*deodara*'는 인도어 'deodar'에서 왔는데, '신의 나무'를 뜻하는 산스크리트어 'devdar'가 어원이다. 히말라야 북서부에서 아프가니스탄 동부 원산이며, 우리나라에는 1926~1932년에 도입되어 가로수나 공원수로 식재된 것으로 알려져 있다(성은숙 외, 2021). 늘푸른 바늘잎나무로 키가 40~50 m에 이르며, 아주 큰 나무는 줄기 지름 3 m에 키가 60 m에 이르기도 한다. 나무 모습이 원뿔 모양으로 아름다워서 관상수로 많이 심는다. 큰 가지는 옆으로 뻗고 잔가지는 밑으로 드리워진다. 나무껍질은 검은 잿빛인데 갈라지며 벗겨진다. 침형 잎은 단면이 삼각형이고 끝이 뾰족하다.

암수한그루로 10월에 짧은 가지 끝에 어린 종구와 소포자낭수가 위쪽으로 곧게 서 나온다. 수분이 된 후 다음해 9~10월에 소나무의 솔방울 보다 몇 배 큰 종구가 밤색으로 성숙한다. 나무는 주로 향이나 아로마 오일을 만드는 데 이용된다. 정유(에센셜 오일)는 주로 말 혹은 소 등 가축의 해충을 제어하는데 쓰이기도 하며 파키스탄의 국가 나무로 알려져 있다.

　침형잎은 3 cm 정도이고 긴 가지(장지)에서는 한 개씩, 짧은 가지(단지)에서는 15~20개씩 모여서 달린다.

　암 생식 구조인 어린 종구는 녹색으로 긴 타원형으로 나오며 1.5~2.5 cm 길이로 단지 끝에 곧추선다. 이듬해 가을에 성숙할 때는 길이 7~12 cm 정도로 되고 달걀형 모양이 된다. 성숙하면 종린은 종구의 축에서 떨어지며, 모양이 부채꼴 삼각형으로 가장자리와 뒷면이 밋밋하다. 종린 당 2개씩 놓이는 씨앗에는 정단부에 넓은 날개가 달린다.

여름철의 장지와 단지(장지에서는 1개씩, 단지에서는 15~20개씩 잎이 남)

봄철의 장지와 단지 1　　　　　봄철의 장지와 단지 2

[사진 5-3.2] 소나무과 개잎갈나무(*Cedrus deodara*) 가지와 잎

덜 성숙한 소포자낭수 · 수분기의 성숙한 소포자낭수

덜 성숙한 소포자낭수의 소포자엽 · · · · · · · · · · · · · · · · 성숙한 소포자낭수의 소포자엽

[사진 5-3.3] 소나무과 개잎갈나무(*Cedrus deodara*) 수 생식 구조

성숙하고 있는 종구 여러 개　　　　　　　　　　　　　성숙하고 있는 종구

성숙한 종구　　　　　　　성숙해서 종린이 벌어지기 시작한 종구

위쪽에서 본 종구　　　　　아래쪽에서 본 종구　　　　종구축(종린 탈락)

[사진 5-3.4] 소나무과 개잎갈나무(*Cedrus deodara*) 가지에 달린 암 생식 구조

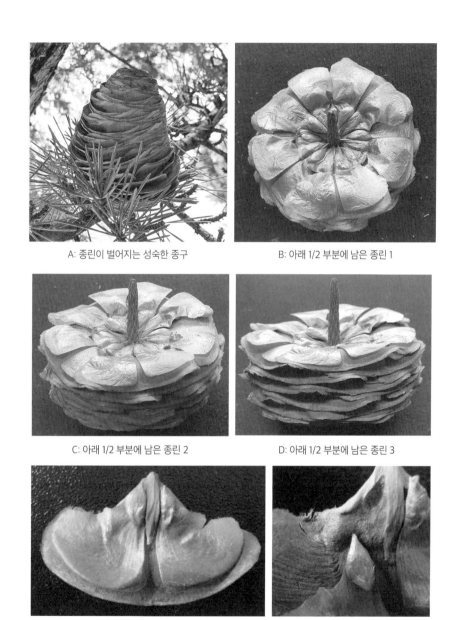

A: 종린이 벌어지는 성숙한 종구

B: 아래 1/2 부분에 남은 종린 1

C: 아래 1/2 부분에 남은 종린 2

D: 아래 1/2 부분에 남은 종린 3

E: 종린 위 씨앗 2개

F: 근접 촬영한 씨앗

[사진 5-3.5] 소나무과 개잎갈나무(*Cedrus deodara*) 성숙한 암 생식 구조
B~D: 종린의 등쪽에 넓은 날개가 달린 씨앗이 2개씩이 놓여 있고, 중앙에 종구축이 보인다.

이번에는 한국에 생육하는 전나무아과의 식물 몇 종을 보자.

| 전나무속(*Abies* Mill.)

전나무속(젓나무속)에는 한국 특산종인 구상나무*Abies koreana* E. H. Wilson가 들어있다. 구상나무가 가장 많이 자라고 있는 곳은 제주도의 한라산 표고 1,500 m에서 정상까지 약 2,800 ha 정도이다.

전나무속 식물로는 전 세계적으로 약 40종이 있으며, 나무의 가지는 윤생하고 수평으로 퍼진다. 수피는 오랫동안 밋밋하다가 성숙하면서 갈라져 터진다. 동아에는 수지가 있는 종이 많다.

전나무속 식물의 잎은 선형linear이며 나선상으로 달리고 옆으로 나는 측지에서는 깃처럼 배열된다. 뒷면에 백색으로 된 두 줄의 기공조선이 있다.

자웅동주로서 소포자낭수는 난형 또는 원통형이며 가지의 윗부분에 액생하며, 종구는 난형 또는 긴 타원형으로 곧추선다. 소나무과의 전형적인 특징으로서 전나무속은 종구의 종린 당 두 개의 배주가 종린의 등쪽에 놓인다. 성숙한 종구의 종린은 거꾸로 된 삼각형 모양의 부채꼴이다. 포(포린)가 종린 아랫부분(배쪽)에 부착이 된 상태에서 종린은 성숙하면 완전히 떨어진다. 종자는 난형 또는 긴 난형으로서 앞면에 큰 지낭脂囊이 두 개가 있고 날개는 얇고, 목재에는 수지구가 없고, 배의 자엽은 4~10개 정도이다.

한국의 소나무과 전나무아과 전나무속의 대표적인 네 가지 종의 특징을 보면 다음과 같다. 먼저 수피가 거칠고 새 가지에 털이 없는 '전나무'와 '일본전나무'를 한 그룹으로 묶고, 수피가 밋밋하고 새 가지에 털이 있는 '분비나무'와 '구상나무'를 한 그룹으로 묶을 수 있다. 첫 번째 그룹에서 '전나무'는 성숙한 종구의 길이가 10 cm 이상이며 엽두가 뾰족한 특징이 있으며, 나머지 형질은 '전나무'와 비슷하지만 엽두가 뭉툭하고 새 가지의 엽두가 갈라지면 '일본전나무'이다. 수피가 밋밋하고 새 가지에 털이 있는 두 번째 그룹은 엽두가 약간 오목하다. 여기서 선형 잎이고 종구가 달리는 가지의 잎의 길이가 15 mm이며 종구의 포의 끝이 뒤로 젖혀지지 않으면 '분비나무'이고, 나머지 형질은 '분비나무'와 비슷하지만 도피침상 선형 잎이고 종구가 달리는 가지의 잎 길이가 14 mm 이하이며, 종구의 포 끝이 뒤로 젖혀지면 한국특산종인 '구상나무'이다.

① 전나무[*Abies holophylla* Maxim.]

[사진 5-3.6] 소나무과 전나무
(*Abies holophylla*) 전체 수형

상록 교목, 암수한그루로서 높이 40 m, 직경 1.5 m 정도까지 자라며, 수피는 회색, 흑갈색으로 관찰된다.

잎은 선형으로 길이 2~4 cm, 너비 1.5~2.5 mm 정도이고, 잔가지에 촘촘하게 달리며 잎의 끝이 뾰족하다. 분비나무나 구상나무에 비해 긴 편이고 앞면에는 오목하게 한 줄로 중앙에 맥이 있고, 뒷면의 주맥 양쪽에 흰색 숨구멍줄이 있다. 잎이 나선형으로 나지만 간혹 마치 이열배열 하는 것처럼 보이기도 한다.

암 생식 기관으로서 종구가 2년지에 나며 성숙하면 길이 6~12 cm 정도의 긴 원기둥형이다. 구상나무나 분비나무에 비해 크고, 위쪽으로 곧추선다. 성숙하면 종린은 종구 축에서 떨어지기 때문에, 나뭇가지에 촛대처럼 축이 남아 있는 것을 관찰할 수 있다. 종린 위쪽에 씨앗 2개가 있고, 종린의 아래쪽에 달리는 포린은 일본전나무나 구상나무와 비교할 때 가장 짧아서, 종린 길이의 약 1/2선 아래에 있다. 수 생식 기관으로서 소포자낭수는 4~5월에 길이 15 mm로 2년지 끝 잎겨드랑이에 모여 나는 특징을 보인다.

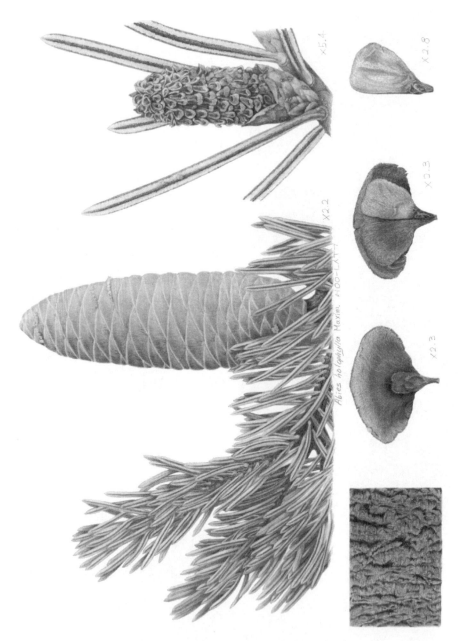

[그림 5-3.2] 소나무과 전나무(*Abies holophylla*)

그림을 가로로 두고 볼 때, 윗줄 왼쪽은 아직 덜 성숙한 종구와 선형 잎, 오른쪽은 엽액에 난 성숙한 소포자낭수와
잎 뒷면 두 줄의 숨구멍줄, 아랫줄 왼쪽부터 차례로 수피, 종린의 아래쪽(배쪽)에 짧은 포린, 종린 위쪽(등쪽), 날개달린 씨앗

전나무속의 나선형으로 배열하는 선형 잎,
가지 끝에 세 개의 눈(나중에 가지로 분열하는 영양눈)

잎이 떨어지고 가지에 남은 엽흔

성숙하기 전 소포자낭수

성숙한 소포자낭수

소포자낭수 근접

[사진 5-3.7] 소나무과 전나무(*Abies holophylla*)

전나무 종린(왼쪽: 종린 등쪽에 씨앗 2개가 놓였던 흔적,
오른쪽: 짧은 포린이 배쪽에 달려 있음)

왼쪽: 전나무 종린 배쪽(아래쪽),
오른쪽: 일본전나무 종린 배쪽. 전나무의 포린이 훨씬 짧음

[사진 5-3.8] 소나무과 전나무(Abies holophylla)와 일본전나무(A. firma) 종린 비교

② 구상나무[Abies koreana E. H. Wilson]

[사진 5-3.9] 소나무과 구상나무
(Abies koreana) 전체 수형

　　　　　한국 특산종으로서, 윌슨Wilson이 한라산에 식물채집 여행
와서 이 나무를 발견하고 신종으로 1920년경에 발표했다.
구상나무는 지리산, 덕유산, 속리산, 금원산, 월봉산, 백운
산, 한라산 등 해발 고도 1,000 m 이상 산지 사면 및 능선
부에서 자라며, 그 중 제주도 한라산에 있는 개체군이 가장
큰 것으로 알려져 있다. 구상나무와 함께 임분의 상층을 구
성하고 있는 수종으로 잣나무, 소나무, 전나무, 주목 등이
있으며, 한라산의 고사목 비율이 가장 높은 것으로 확인된
다. 상록 교목, 암수한그루로서 높이 18 m, 지름 1 m 정도,
수피는 밝은 회색, 성목이 되면 거칠게 갈라지는 특징을 갖
는다. 황색 어린 가지는 털이 없어지면서 갈색이 된다. 선
형 잎으로서, 길이 15~25 mm, 잎끝이 갈라져 살짝 오목하
며, 잎 윗면은 음각으로 한 줄의 맥이 있고, 뒷면에는 주맥
양쪽에 흰색의 숨구멍줄이 있다. 암 생식 기관인 종구는

4~5월에 자주색으로 나와, 성숙하면 긴 달걀형 또는 원기둥형으로 위로 곧추서게 된다. 성숙한 종구의 길이 4~6 cm, 폭 2.5 cm 정도이고 성숙해 가면서 색깔은 자주색, 흑색, 녹색 등 다양하다. 종린은 길이 9 mm, 폭 1.8 cm, 포린이 종린보다 길어 밖으로 나와 젖혀지는 특징을 보인다. 씨앗은 역시 소나무과의 특징으로 종린 윗면(등쪽)에 2개씩 놓인다. 수 생식 기관인 소포자낭수는 타원형으로 잎겨드랑이에 난다. 구상나무는 분비나무(중국, 러시아, 몽골 등에서 분포하며 한국에서는 중북부 소백산, 치악산, 설악산 등에서 자람)와 비슷하지만 잎이 약간 짧고 넓으며, 구상나무의 포린이 밖으로 나와 젖혀진다는 것을 기억하면 식별하는데 도움이 된다.

선형 잎 앞면(등쪽)

선형 잎 뒷면(배쪽)에 2줄의 기공조선

엽액에 난 성숙한 소포자낭수

[사진 5-3.10] 소나무과 구상나무(*Abies koreana*) 잎과 소포자낭수

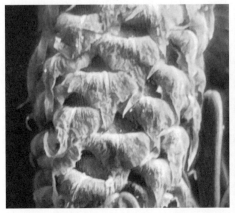
포린이 밖으로 처진 미성숙한 종구

포린이 밖으로 처진 성숙 중인 종구

성숙 중인 종구

성숙한 종구

[사진 5-3.11] 소나무과 구상나무(*Abies koreana*) 암 생식 구조 종구

| 솔송나무속(*Tsuga* Carrière)

① 울릉솔송나무[*Tsuga ulleungensis* Holman, Tredici, Havill, Lee et Campb.]

[사진 5-3.12] 소나무과 울릉솔송나무
(*Tsuga ulleungensis*) 전체 수형

울릉솔송나무는 한국 울릉도의 산지 사면과 능선에서 자생하는 한국특산종이다. 최근에 학명이 '*Tsuga sieboldii* Carrière'에서 '*Tsuga ulleungensis* Holman, Tredici, Havill, Lee et Campb.'로 개명이 되었다. 향명도 '솔송나무'에서 '울릉솔송나무'로 개명되었다.

이 종은 상록성 교목으로 높이 20 m 정도까지 자라는 것으로 알려져 있다. 가지는 수평으로 퍼지기 때문에 다소 넓은 원추형으로 되는 경향이 있다. 잎은 짙은 녹색, 선형이고, 길이는 1~2 cm, 너비 2 mm 정도이며 잎끝(엽두)이 살짝 오목하게 들어가는 미요두형이다. 잎 표면은 햇빛을 받을 때 광택이 나며, 중앙 맥이 음각으로 패여 있고 뒷면에는 뚜렷한 2줄의 흰색 숨구멍줄이 있다. 약 1 mm 정도의 짧은 잎자루가 있는 것이 특징이다.

수분기는 4~5월 정도이며, 짧은 가지 끝에 나는 소포자낭수는 6 mm 정도로 달걀형이며 붉은 색에서 성숙하며 점차 노란 계열로 바뀐다. 소포자낭수에는 짧은 자루가 관찰된다. 암 생식 구조인 종구는 어릴 때는 5 mm 정도였다가 10월 정도에 성숙하면 길이가 2 cm를 살짝 넘기는데 언뜻 미니 솔방울처럼 보이기도 한다.

[사진 5-3.13] 소나무과 울릉솔송나무(*Tsuga ulleungensis*) 윤채가 나는 선형 잎

겉씨식물 바르게 알기, 앗! 은행이 열매가 아니라고?!

가지 끝에 달린 미성숙한 종구 1   가지 끝에 달린 미성숙한 종구 2   성숙한 종구

성숙 중인 소포자낭수   종린이 벌어진 성숙한 종구

[사진 5-3.14] 소나무과 울릉솔송나무(*Tsuga ulleungensis*)

한국에서는 볼 수 없어서 여기에서 다루지는 않지만, 여기 전나무아과에는 *Keteleeria*
속(중국 남부, 대만, 라오스, 베트남 등에 서식)과 *Pseudolarix*속(중국 동부에 서식)도 있다.

한국에 생육하는 소나무아과에 속하는 잎갈나무속, 가문비나무속, 소나무속의 식물 몇
종을 살펴보자.

| 잎갈나무속(*Larix* Mill.)

'잎갈나무속'은 한자 없이 한글로 만들어진 이름이라서 더없이 정겨운 느낌이다. 입고 있던 옷을 벗고 다른 것으로 바꿔 입는 것을 우리는 '옷을 갈아입는다'고 말하는 것처럼, 나무가 광합성을 열심히 했던 잎을 가을에 떨구고 다른 새 잎으로 봄에 바꿔 입는다는 의미로 '잎을 갈아입는 나무' 즉 '잎갈나무'로 이해하면 된다. 이것은 이 나무가 '낙엽수'라는 의미이기도 한다. 전 세계적으로 약 10여 종이 북미의 서부, 유럽, 아시아에 분포하지만 여기서는 잎갈나무와 일본잎갈나무를 간단히 짚어 보기로 한다.

① 잎갈나무[*Larix gmelinii* (Rupr.) Kuzen. var. *olgensis* (A. Henry) Ostenf. & Syrach]

이 나무는 발음 나는 그대로 '이깔나무'라고도 부르며, 북한에서는 '좀이깔나무', '만주이깔나무' 또는 그냥 '이깔나무'라고 부른다. 이 나무는 광릉수목원에 30여 그루가 자라고는 있지만, 우리가 자주 이 나무를 보기 어려운 이유는 주변에 흔히 식재하기보다는 금강산 이북의 고산지 능선과 고원에서 자라고 중국, 러시아에 분포하기 때문이다.

낙엽 교목으로 암수한그루이며 높이 35 m, 지름 1 m 정도로 자란다. 나뭇가지가 수평으로 뻗으며 원뿔형 수관을 이루고 수피는 회색이고, 비늘 조각 모양으로 떨어지는 특징이 있다. 잘 휘어지는 막질의 선잎으로 길이 1.5~2.5 cm, 단지에 모여난다.

암 생식 기관인 종구는 잎이 나는 단지에 나며, 적자색~녹색이다가 성숙하면 갈색이 된다. 종린은 25~40개 정도이며 그 끝이 곧은 편이다. 이에 비해 일본잎갈나무(낙엽송)의 종린은 끝이 젖혀지고, 그 개수가 50~60개 정도로 나오기 때문에 이 두 나무를 서로 구분하는데 도움이 된다. 잎갈나무속의 종린은 성숙했을 때 종구의 축에서 탈락되지 않는다. 수 생식 기관인 소포자낭수는 구형이고, 잎이 나지 않는 단지에 달리는 특징이 있다.

② 일본잎갈나무[*Larix kaempferi* (Lamb.) Carrière]

[사진 5-3.15] 소나무과 일본잎갈나무
(*Larix kaempferi*) 전체 수형

우리가 흔히 '낙엽송'이라고도 부르는 나무로서, 일본의 혼슈 지역이 원산지이며, 우리나라에서는 녹화사업 일환 조림수로 식재했기 때문에 주변의 산에서 비교적 흔히 볼 수 있다.

낙엽 교목으로 암수한그루, 높이 20 m, 지름 60 cm에 달하고, 수형은 원뿔형을 이룬다. 수피는 갈색이고 얇은 조각으로 벗겨진다. 부드러운 선잎으로 길이 1~2.5 cm, 뒷면은 흰색이 도는 경향이 있다. 장지에서는 잎이 1개씩 나지만, 단지에서는 20~30개씩 모여난다.

암 생식 기관인 종구는 4~5월 잎이 나는 단지에 곧추서서 나고 성숙하면 길이 1.5~3.5 cm의 달걀형~구형이다. 종린은 많게는 60개 정도이고 끝이 뒤로 젖혀진다. 잎갈나무의 종린보다 훨씬 많아 차이를 보인다. 수 생식 기관인 소포자낭수는 잎이 없는 단지에 나며, 황록색으로 성숙한다.

단지에 모여 나는 선잎 1 | 단지에 모여 나는 선잎 2

성숙 중인 소포자낭수 | 종린이 벌어진 성숙한 종구 1 | 종린이 벌어진 성숙한 종구 2

[사진 5-3.16] 소나무과 일본잎갈나무(*Larix kaempferi*)

| 가문비나무속(*Picea* A. Dietr.)

이 속은 전 세계적으로 35~40종 정도가 있는데, 주로 북미, 멕시코, 유라시아의 선선한 지역에서 분포한다. 생식구조는 단성이지만, 이 속도 역시 두 구조가 한 개체 내에 다 있는 암수한그루이다. 수 생식 구조인 소포자낭수는 전 년생 가지의 엽액^{葉腋; 잎겨드랑이}에 나고 하나의 각 소포자엽 당 2개의 소포자낭이 있으며, 소포자엽은 소포자낭수 축에 나선상으로 배열한다. 암 생식 구조인 종구는 보통 중부 이하의 가지 끝에 나고 녹색이나 자주색의 종린이 종구의 축에 나선상으로 배열된다. 각 종린 당 2개의 도생배주와 1개의 포린이 달린다. 종구는 어릴 때는 곧추서다가 성숙하면 밑으로 쳐진다. 종구가 성숙했을 때 종린은 축에서 탈락되지 않으며, 씨앗의 정단부에는 날개가 있고, 지낭^{脂囊}은 없다.

가문비나무^{*Picea jezoensis* (Siebold & Zucc.) Carrière}는 한국 지리산, 덕유산, 계방산 이북의 산지 능선과 정상부에 자생하며 중국, 일본, 러시아에도 분포한다. 종비나무^{*Picea koraiensis* Nakai}는

북한의 압록강 일대 산지에 나며 중국과 러시아에도 분포한다. 그리고 풍산가문비^{Picea} ^{pungsanensis} $^{Uyeki\ ex\ Nakai}$는 북한 함북, 함남(풍산) 등 한반도 고유종이다. 이 종들은 높은 산지에 분포하기 때문에 사실 우리가 쉽게 만나기 어렵다. 따라서 우리 주변에서 흔히 볼 수 있는 나무가 독일가문비이므로 여기서는 이 나무를 보기로 하자.

① 독일가문비[*Picea abies* (L.) H.Karst.]

[사진 5-3.17] 소나무과 독일가문비
(*Picea abies*) 전체 수형

독일가문비는 유럽에 널리 분포하는 교목으로 노르웨이 원산이다. 우리가 이 나무를 '독일가문비'라고 부르니까 그대로 번역해서 영어 향명이 'German spruce'일 것 같지만, 사실 'Norway spruce(노르웨이가문비)'가 맞는 향명이다. 북한에서는 종구가 길어서 '긴방울가문비' 또는 '구라파가문비나무'라고 부른다. 남한에는 1920년경에 도입되어 중부 이남의 공원이나 정원, 아파트 등에 흔히 식재하기 때문에 우리가 흔히 볼 수 있는 나무가 되었다.

상록 교목으로서 암수한그루이며 자생지에서 높이 60 m, 지름 3 m, 수피가 오래되면 작은 조각으로 떨어지고, 성목의 어린 가지는 아래로 처지고, 털이 조금 있다. 잎은 광택이 있고 송곳형이며, 길이 1.2~2.5 cm, 잎끝이 약간 굽는다.

암 생식 기관은 4~5월에 긴 타원형으로 붉은색으로 곧추서다가 10월 정도에 성숙했을 때는 길이 10~15 cm의 긴 원기둥형으로 아래를 향해 달린다. 종린에 2개씩 놓이는 종자는 4 mm 정도이고, 날개는 1 cm 정도로 정단부에 달린다. 수 생식 기관인 소포자낭수는 처음에는 붉은 구형이었다가 차츰 황색의 원기둥형으로 성숙하게 된다.

수분기에 곧추선 어린 종구   수분 후 종린이 닫히는 종구(중앙)   성숙 중인 종구 1

성숙 중인 종구 2   성숙한 종구   정단에 날개가 달린 씨앗
(종린 당 2개의 씨앗이 놓임)

[사진 5-3.18] 소나무과 독일가문비(*Picea abies*) 암 생식 구조인 종구와 씨앗

가지 끝 3개의 눈이 가지로 분열

가지가 점점 자라고 있는 모습

가지 끝에서 3개의 가지로 자람

가지에 나온 소포자낭수

구형의 붉은 색의 어린 소포자낭수

성숙해서 수분기에 들어선 소포자낭수

[사진 5-3.19] 소나무과 독일가문비(*Picea abies*) 가지, 송곳형 잎, 소포자낭수

| 소나무속(*Pinus* L.)

지구상에 현존하고 있는 식물 중에서 종구식물목 전체에서는 물론이고 소나무과 안에서 가장 큰 속은 역시 소나무속*Pinus*이다. 쥐라기부터 전기 백악기까지 오랜 역사의 화석이 기록으로 남아있다. 이 속은 잎집에 바늘형 잎이 주로 2개에서 5개가 모여 난다는 점에서 다른 나자식물들과 큰 차이점을 보인다. 백악기에 꽃피는 식물(피자식물)이 출현했음에도 불구하고, 후기 백악기에 소나무속은 두 개의 그룹 즉 두 개의 아속으로 분화되었다. 즉, '쌍유관속아속(Diploxylon; 소나무아속; 경질목 소나무류)'과 '단유관속아속(Haploxylon; 잣나무아속; 연질목 소나무류)'으로 나눠진다. 아속의 이름에서도 이미 특징이 비교되는데, 전자는 잎 단면에서 관속이 2개, 후자는 관속이 1개가 있어 차이가 있다. 종구의 특징으로 두 아속을 비교해보기로 하자. 소나무아속은 종린의 융기 중앙에 돌기가 있고 돌기 중앙에 침이 있어서 잣나무아속과는 달리 소나무아속의 종구는 무장하고 있는 종이 보통이다. 씨앗의 정단에 달린 날개는 분절된다.

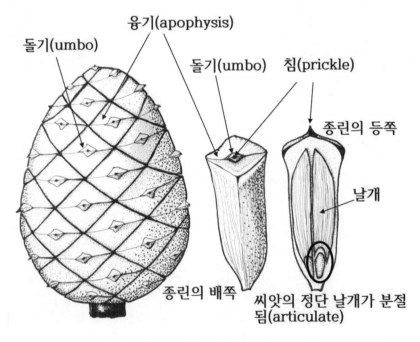

[그림 5-3.3] 소나무과 소나무속 소나무아속(소나무, 곰솔, 리기다소나무 등) 종구 특징

잣나무아속은 종린의 융기 중앙이 아닌 정단에 돌기가 있고 돌기 중앙에 침이 보통 없어서 소나무아속과는 달리 잣나무아속의 종구는 비무장 종이 대부분이다. 씨앗 정단에 달린 날개는 측착되어 있다(그림 5-3.4). 물론 잣나무처럼 씨앗에 날개가 없는 종도 있다.

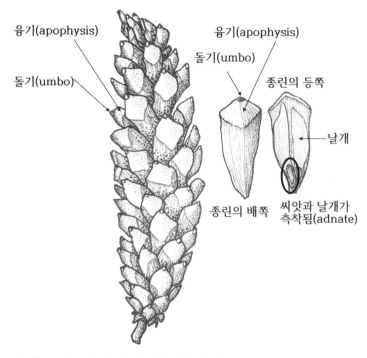

[그림 5-3.4] 소나무과 소나무속 잣나무아속(잣나무, 스트로브잣나무 등) 종구 특징

각각의 아속은 다시 절로 그리고 다시 하위에 아절로 나눌 수 있으나 여기서는 단순하게 두 개의 아속으로 나눈 후 흔히 만날 수 있는 몇 개의 종만 간단히 살펴보도록 하겠다.

소나무아속(*Pinus*)

위에서 언급한 것처럼, 소나무아속은 잣나무아속과 비교했을 때 목질이 더 단단한 편이어서 흔히 경질목 소나무류^{hard pines}라고 부르기도 한다. 바늘형 잎을 횡단해서 관다발의 숫자를 보면 2개가 있으므로 '쌍유관속아속'이라고도 부른다. 여기에서는 이 아속에 속한 종들 중에서 방크스소나무, 리기다소나무, 소나무, 곰솔을 알아보자.

① 방크스소나무[*Pinus banksiana* Lamb.]

방크스소나무는 미국중부와 캐나다에서 자라는 종으로서 그들은 잭파인Jack pine이라고 부른다. 우리나라 자생종이 아니지만 생태계에서의 생존 전략이 독특해서 여기서 언급 해본다. 우리나라에는 조림용으로 심기 위해 들여왔으며, 공원수 등으로 심기도 한다. 전 북대학교 농생대 본관에도 한 그루가 식재되어 있는데, 집 떠나 와서 타향살이하느라 고 생이 많은지 수세가 약한 편이다.

방크스소나무는 상록교목이며 수고는 25 m 정도이다. 잎은 잎집에 2개씩 모여 나며 길이는 2~5 cm로서 우리가 흔히 보는 소나무보다 비교적 짧은 편으로서, 약간 납작하고 살짝 뒤틀린다.

물론 암수한그루이고 수분하는 시기는 4월부터 5월이며 어린 종구는 새가지 끝에 붉게 달린다. 소포자낭수는 어린 종구 밑에 달린다. 종구는 2년에 걸쳐 성숙하며 길이는 3 cm 에서 길어봤자 5 cm를 겨우 넘기는 작은 종구인데 비대칭으로 약간 굽는 것이 특징이다. 특히 성숙했음에도 불구하고 종린이 벌어지지 않고 여러 해 동안 가지에 달려있다. 산불 이 나서 고온에 노출되어야만 종린이 열리고 종자가 비로소 나오게 된다. 종자는 4~5 mm 정도이며 정단에 달린 날개는 1 cm 정도이다.

극양수인 방크스소나무는 주변의 나무들이 모두 다 탄 후에 잿더미 사이에서 씨앗이 발아해서 햇볕을 독차지 하고 결국 순림을 형성하는 상당히 독특한 전략으로 생태계에 서 살아남는다.

| 작년 가지에 납작한 잎이 2개씩 관찰되고, 전가지 정단에 새 가지와 새 잎이 보임 | 수분기의 소포자낭수들 | 비대칭으로 약간 굽은 종구 (성숙 후에도 종린이 열리지 않음) |

[사진 5-3.20] 소나무과 소나무속 소나무아속 방크스소나무(*Pinus banksiana*)

② 소나무[*Pinus densiflora* Siebold & Zucc.]

[사진 5-3.21] 소나무과 소나무속 소나무아속 소나무(*Pinus densiflora*)와
반송(*P. densiflora* f. *multicaulis*)의 수간 비교

중국 동북부, 일본, 러시아 동부에 나며, 우리나라에서는 북부 고원 지대와 높은 산꼭대기를 제외하고 전국의 어디에서나 자라는 한국인과 친숙한 나무이다. 흔히 바닷가에서 자라는 '해송'과 비교하면서 소나무를 '육송'이라고도 부른다.

소나무는 상록 교목으로 암수한그루이며 높이 35 m, 지름 1.8 m 정도로 자란다. 오래된 나무의 껍질은 수간의 위쪽으로 갈수록 붉고 조각조각 떨어진다. 이렇게 수간이 붉기 때문에 흔히 '적송'이라고도 부른다. 봄에 새순이 되는 신초는 적갈색이다. 바늘잎이 잎집에 2개씩 나오며, 길이는 6~12 cm이고 약간 뒤틀린다.

암 생식 기관인 종구는 4~5월에 진한 자주색으로 수 생식 기관(소포자낭수) 위쪽에 1~2개가 나오고, 이듬해 9~10월에 짙은 갈색으로 성숙하며 우리가 흔히 이것을 솔방울이라고 부른다. 종구는 길이 3~5.5 cm, 지름 3 cm로 달걀형이다. 씨앗이 놓이는 종린은 70~100개로 흑갈색이다. 하나의 종린에 씨앗보다 긴 날개가 달린 흑갈색 씨앗이 2개가 놓인다. 수 생식 기관인 소포자낭수는 새로운 가지의 끝에 여러 개가 촘촘하게 모여서 달린다. 반송*P. densiflora* f. *multicaulis* Uyeki은 소나무와 유사한데, 밑둥에서 가지가 여러 개로 분지해서 관목형이고 수형은 반원 모양이다.

[사진 5-3.22] 소나무과 소나무속 소나무아속 소나무(*Pinus densiflora*)와 반송(*P. densiflora* f. *multicaulis*)의 소포자낭수
왼쪽(소나무): 수분기의 소포자낭수, 오른쪽(반송): 수분기 전의 미성숙한 소포자낭수

소나무의 어린 종구   반송의 어린 종구(여러 개가 모여 달림)

소나무의 성숙한 종구   성숙하고 있는 반송의 종구

[사진 5-3.23] 소나무과 소나무속 소나무아속 소나무(*Pinus densiflora*)와 반송(*P. densiflora* f. *multicaulis*) 종구(솔방울)
반송의 종구가 소나무의 것보다 더 작은 크기로 여러 개가 달린다.

③ 리기다소나무[*Pinus rigida* Mill.]

북아메리카 원산이며 그들은 이 나무를 피치파인pitch pine16이라고 부른다. 흔히 수피에 하얗게 마른 송진을 볼 수 있다. 이 나무는 일본을 통해 왔고, 척박한 땅에서도 빠르게 잘 자라 우리나라 전국에 식재하여 민둥산 녹화에 사용했으나 그 쓰임새가 많지 않아 지금은 다른 종으로 대체되는 영순위 종이다.

리기다소나무는 상록 교목, 암수한그루이며 높이 30 m, 지름 90 cm 정도로 자란다. 부정아가 자라난 짧은 가지가 있어 줄기에 잎이 바로 나는 것처럼 보이며, 갈색 수피가 깊게 갈라진다. 바늘잎이 잎집에 3개가 나며, 길이는 7~14 cm이고 약간 뒤틀린다.

암 생식 기관인 어린 종구는 5월에 자주색으로 새 가지 끝에 달리고, 이듬해 9~10월에 성숙하면 길이 3~9 cm의 달걀형 솔방울이 된다. 종린의 융기 중앙에 돌기가 있는데, 돌기 중앙에 날카로운 침이 발달되어 종구가 무장되어 있다.

[사진 5-3.24] 성숙하고 있는 버지니아소나무
(*Pinus virginiana*)
종구(돌기 중앙에 날카로운 침 발달)

버지니아소나무도 리기다소나무와 마찬가지로 이 특징을 잘 보여주고 있다. 리기다소나무의 씨앗은 길이 4~5 mm, 달걀형 삼각이고 양끝이 좁은 편이다. 씨앗 날개의 길이는 씨앗의 두 배 이상이다. 발아하면 떡잎이 4~6개이다. 수 생식 기관인 소포자낭수는 긴 타원형이고 새 가지의 아래쪽에 모여난다.

16 pitch pine; 송진이 많아 이렇게 부르는 것으로 여겨지며, 여기서 'pitch'는 방향성 수지화합물로서 주로 도로용 타르(tar), 방수 지붕이나 방수 구조물 등에 사용된다.

수간에서 관찰되는 바늘잎

리기다소나무 전체 수형   잎집 당 약간 뒤틀린 잎 3개

[사진 5-3.25] 소나무과 소나무속 소나무아속 리기다소나무(*Pinus rigida*)

리기다소나무의 성숙한 종구   버지니아소나무의 성숙한 종구

[사진 5-3.26] 소나무과 소나무속 소나무아속 리기다나무(*Pinus rigida*)와
버지니아소나무(*P. virginiana*)의 종구. 두 종 모두 돌기 중앙에 날카로운 침 발달

④ 곰솔[*Pinus thunbergii* Parl.]

우리나라와 일본 혼슈 이남 지역에서 자라며, '해송'이라고도 한다.

상록 교목, 암수한그루, 높이 25 m, 지름 1.5 m이며, 수피는 회색 또는 검은 회색, 깊게 갈라지는 편이다. 봄의 신초는 흰색인 것이 특징이어서 소나무와의 차이점을 보여준다. 바늘잎이 잎집에 2개씩, 길이 6~12 cm로 나고, 소나무보다 뻣뻣하고, 약간 뒤틀린다.

가지 끝 눈　　　　　　흰색 신초　　　　　　시간이 경과 후 신초

성장 중인 신초　　신초 끝 발달 중인 종구　　신초 끝 어린 종구　　신초 정단에 어린 종구,
새 가지에 어린 잎,
하단에 수분기가 지난 소포자낭수

[사진 5-3.27] 소나무과 소나무속 소나무아속 곰솔(*Pinus thunbergii*)의 신초 발달
윗쪽 왼쪽부터 오른쪽, 그리고 아랫쪽 왼쪽부터 오른쪽으로 신초의 순차적인 발달 단계를 보여주며,
봄철의 신초가 흰색인 것이 특징이다.

암 생식 기관인 어린 종구는 4~5월에 달걀형으로 홍자색으로 새 가지 끝에 보통 2개가 난다. 이듬해 가을에 성숙하며 길이 4.5~6 cm의 달걀형이다. 종린에 2개의 씨앗이 놓이는데, 씨앗 길이 5~7 mm, 씨앗 정단부에 달리는 날개는 씨앗보다 더 길다. 수 생식 기관인 소포자낭수는 타원형~긴 타원형이며, 새 가지 밑에 여러 개 모여난다. 내염성과 내공해성이 좋아 해안가 바람막이나 가로수로 식재한다.

A: 가지 끝 어린 종구   B: 성숙 중인 종구 1

C: 성숙 중인 종구 2   D: 측면에서 본 성숙한 종구   E: 극쪽에서 본 성숙한 종구
(종린 등쪽에 씨앗 날개가 2개씩 보임) (종린 등쪽에 씨앗이 있었던 흔적이 보임)

[사진 5-3.28] 소나무과 소나무속 소나무아속 곰솔(*Pinus thunbergii*)의 종구 발달
A부터 E까지 알파벳 순서에 따라 종구의 순차적인 발달 단계를 보여준다. A에서 보는 것처럼 소나무속에는 포(린)가 종린보다 먼저 생성되었다가 탈락이 되므로, 성숙한 종구에서는 포(린)를 관찰할 수 없다.

융기(apophysis)

돌기(umbo)

[사진 5-3.29] 소나무과 소나무속 소나무아속 곰솔(*Pinus thunbergii*) 종구
왼쪽은 종구의 아랫부분, 오른쪽은 종구의 측면. 종린의 융기와 돌기가 관찰되며
돌기 내에 리기다소나무만큼은 아니지만 뾰족한 침이 관찰됨

[사진 5-3.30] 소나무과 소나무속 소나무아속
곰솔(*Pinus thunbergii*) 신초에 발달하는
소포자낭수(수분기 직전)

[사진 5-3.31] 소나무과 소나무속 소나무아속 곰솔(*Pinus thunbergii*)의 신초 끝(새 줄기와 새 잎이 발달할 부분)
아랫부분에는 수분기 직전의 소포자낭수들이 있다.

[사진 5-3.33] 소나무과 소나무속 소나무아속
곰솔(*Pinus thunbergii*)의 생식구조

[사진 5-3.32] 소나무과 소나무속 소나무아속
곰솔(*Pinus thunbergii*)의 소포자낭수(수분기 직전의 것과
성숙해서 노란 가루가 나오는 것이 관찰됨)

겉씨식물 바르게 알기, 앗! 은행이 열매가 아니라고?!

우리나라에서 유명한 곰솔이 있는데, 바로 '여인송'이다. 전남 신안군 자은면 백산리 분계해변에는 곰솔 숲이 조성되어 있는데, 여인송이 있기 때문에 흔히 '여인송숲'으로도 알려져 있다. 이 숲은 2010년 '제11회 아름다운숲 전국대회'에서 '천년의숲(어울림상)'으로 지정된 바가 있다.

여인송과 주변의 곰솔이 분계해변의 방풍림 역할을 하고 있다.　　　　왼쪽으로 살짝 기울어진 여인송

[사진 5-3.34] 전남 신안 분계해변 곰솔(*Pinus thunbergii*) 숲
수간이 두 갈래로 갈라져 마치 거꾸로 선 날씬한 여인의 몸을 닮았다고 해서 여인송으로 부르게 되었다고 한다.

곰솔은 여러 개가 천연기념물로 지정되어 있는데, 제주 산천단 곰솔 군[群](제160호), 부산 좌수영성지 곰솔(제270호), 전북 전주 삼천동 곰솔(제355호), 전남 해남 성내리 수성송(제430호), 제주 수산리 곰솔(제441호)이 여기에 해당된다. 이 중 전주시 완산구 삼천동의 곰솔을 한 번 소개해 보고자 한다. 이 나무는 바닷가가 아닌 내륙지방에서 자라는 것으로 희귀하며 나이는 약 250살 정도로 추정된다. 높이 14 m, 가슴높이의 둘레 3.92 m의 크기로 아래에서 보면 하나의 줄기가 위로 올라가다 높이 2 m 정도부터 수평으로 여러 개의 가지가 펼쳐져 있어 아름답다. 인동 장씨의 묘역을 표시하기 위해 심어졌다고 전해진다. 하지만 1990년대 초 안행지구 택지개발로 고립되어 수세가 약해졌고 2001년도에 독극물 주입에 의해 반절이상의 가지가 죽어서 보는 이를 안타깝게 한다.

[사진 5-3.35] 겨울철의 전주 삼천동 곰솔(천연기념물 제355호)

반절 이상의 가지가 잘린 쪽

수피의 일부가 벗겨진 쪽

건강하고 무성한 가지와 잎이 관찰되는 쪽

왼쪽에 죽은 가지가 잘림

[사진 5-3.36] 여름철의 전주 삼천동 곰솔(천연기념물 제355호)

잣나무아속(*Strobus*)

앞서 언급했던 것처럼, 잣나무아속은 소나무아속과 비교했을 때 목질이 더 무른 편이어서 흔히 연질목 소나무류^{soft pines}라고 부르기도 한다. 바늘형 잎을 횡단해서 관다발의 숫자를 보면 1개가 있으므로 '단유관속아속'이라고도 부른다. 우리나라에서 비교적 쉽게 볼 수 있는 잣나무아속 나무인 백송, 잣나무, 섬잣나무, 스트로브잣나무를 알아보기로 한다. 그리고 한국에는 없지만 살아 있는 나무이면서 놀랍게도 거의 반만년을 살아오는 강털소나무를 간단히 정보제공 측면에서 조금 알아보자.

① 백송[*Pinus bungeana* Zucc. ex Endl.]

[사진 5-3.37] 소나무과 소나무속 잣나무아속
백송(*Pinus bungeana*) 전체 수형

중국 후베이와 허베이에서 불연속적으로 자라는 희귀종으로, 이식이 어려워 우리나라 전국에 퍼지지 못했다. 소나무류 중 생장이 더딘 편이다.

줄기와 가지가 회백색이라서 백송이며, 매끈했던 수피는 나무가 성목이 되면 불규칙하게 떨어져 녹색계열의 얼룩무늬가 생기는 것 또한 백송의 특징이라고 할 수 있다.

상록 교목, 암수한그루로 국내에서는 높이 16 m, 지름 1.7 m로 자란다. 바늘잎이 3개씩 나며, 길이 5~10 cm, 뻣뻣하고 거의 비틀리지 않는다.

암 생식 기관인 종구는 4~5월에 나서 이듬해 10~11월에 성숙해서 5~7 cm 길이의 달걀형이다. 씨앗은 1 cm이고, 날개가 정단에 달리지만 잘 떨어진다. 수 생식 기관인 소포자낭수는 동글게 나왔다가 성숙하면 긴 타원형으로 새 가지에 촘촘하게 난다.

성목의 얼룩무늬 수피

3개씩 모여 나는 바늘잎(동그라미 안 참조)

회백색의 가지와 소포자낭수

침형잎과 어린 소포자낭수

신초 하단의 어린 소포자낭수

성숙한 소포자낭수

[사진 5-3.38] 소나무과 소나무속 잣나무아속 백송(*Pinus bungeana*)

② 잣나무[*Pinus koraiensis* Siebold & Zucc.]

우리나라에서는 지리산 이북 고산지에서 자라며 중국, 일본 등에 분포하고, 중국에서는 '홍송紅松'이라고 한다. 영어 향명으로는 'Korean pine'이고 풀이하면 '한국 소나무'라고 할 수 있다. 소나무는 반면에 'Korean red pine'이기 때문에 번역하면 '한국 적송' 정도로 이해하면 되겠다.

[사진 5-3.39] 소나무과 소나무속 잣나무아속 잣나무(*Pinus koraiensis*) 1
씨앗에서 발아한 실생묘

잣나무는 상록 교목, 암수한그루로서 높이 30 m, 지름 1 m 정도로 자란다. 수피는 회색~회갈색이며 성목이 되면 수피가 갈라져 불규칙한 조각으로 떨어지고, 새 가지는 적갈색이고 보통 황색털이 있다. 바늘잎이 잎집 당 5개씩 모여 나며, 길이는 6~12 cm이고 진녹색이며 뒷면에 흰색 숨구멍줄이 관찰된다.

홍자색 종구(암 생식 기관)는 4~5월에 새 가지 끝에 나고 이듬해 10월 정도에 성숙한다. 성숙한 종구는 길이 9~14 cm이고 우리나라 자생 소나무류 중 가장 크다. 종린이 완전히 안 벌어지기 때문에 조류, 설치류(다람쥐, 청설모) 등에 의해 산포된다. 씨앗은 길이 1.2~1.6 cm의 삼각꼴 달걀형이며, 날개가 없고 식용이 가능하다. 소포자낭수는 새 가지의 아래쪽에 황색으로 모여난다.

불규칙한 조각으로 떨어지는 성목 수피

치우침 없이 자란 잣나무의 나이테

종구 등쪽에 씨앗이 놓였던 자리 2개가 움푹 패여 있음

날개 없는 씨앗(갈색 가종피로 싸임)

왼쪽은 가종피가 있는, 중앙은 가장 바깥 가종피 제거 후,
오른쪽은 가종피가 모두 제거된 후 식용 가능한 상태

[사진 5-3.40] 소나무과 소나무속 잣나무아속 잣나무(*Pinus koraiensis*) 2

잎집 당 5개의 바늘잎이 있고 흰색 기공조선이 관찰된다.

봄철에 작년 가지 끝에서 발달하고 있는 3개 신초

북극쪽에서 본 성숙한 종구
(종린의 등쪽에 놓인 씨앗이 관찰됨)

성숙 중인 종구

성숙한 종구

[사진 5-3.41] 소나무과 소나무속 잣나무아속 잣나무(*Pinus koraiensis*) 3

비교수종으로서 눈잣나무*P. pumila* (Pall.) Regel가 있는데, 이 나무는 설악산, 금강산 등 고지대에서 자라기 때문에 흔히 관찰하기는 어렵다고 할 수 있다. 옆으로 뻗어 자라지만 평지에서 위로 6 m까지 자란다. 5개씩 모여 나는 잎 길이는 3~6 cm 정도로 잣나무에 비해 길이가 짧은 편이다. 수분 시기는 6~7월이고 수 생식 기관인 소포자낭수는 홍적색으로 타원형이다. 종구는 이듬해 9월 초에 3~4.5 cm 길이로 성숙하는데, 잣나무에 비해 훨씬 작은 것을 알 수 있다. 씨앗에 날개는 없지만 거친 털이 모서리에 모여난다.

③ 섬잣나무[*Pinus parviflora* Siebold & Zucc.]

[사진 5-3.42] 소나무과 소나무속 잣나무아속
섬잣나무(*Pinus parviflora*) 봄철의 전체 수형

이 나무는 울릉도에 자생하며, 높이 30 m, 지름 60 cm로 상당히 큰 교목이지만 내륙의 공원, 아파트 등지에는 수고가 낮은 재배종이 흔히 식재된다. 잎집에 5개씩 모여 나고, 잎의 길이는 4~8 cm이다.

수분 시기는 5월, 수 생식 기관인 소포자낭수는 긴 타원형으로 새 가지의 아래쪽에 난다. 홍자색이나 녹색의 어린 암 생식 기관인 종구는 새 가지 끝에 나서 이듬해 10월 정도에 5~7 cm 길이로 성숙한다. 종린 위 씨앗은 길이 1 cm이고, 날개라고 부르기에는 매우 짧은 흔적만 남아 있어 모서리에 능선이 있다는 표현이 적절한 것으로 사료된다.

작년 가지 위 봄철 새 가지가 나오고 있음

새 가지 밑부분에 성숙한 소포자낭수

새 가지 위 어린 종구

성숙 중인 종구

성숙한 종구

[사진 5-3.43] 소나무과 소나무속 잣나무아속 섬잣나무(*Pinus parviflora*)

[사진 5-3.44] 소나무과 소나무속 잣나무아속 섬잣나무(*Pinus parviflora*) 종구와 씨앗
씨앗에 날개라고 부르기에는 매우 짧은 흔적만 남아 있어 모서리에 능선이 있다는 표현이 적절한 것으로 사료된다.

④ 스트로브잣나무[*Pinus strobus* L.]

북아메리카 동부와 동북부 원산지이며, 자생지에서 수고가 가장 높게 자라는 것으로 알려져 있다. 우리나라에서는 고속도로, 공원, 아파트, 녹지대 등지에 많이 식재되어 흔히 볼 수 있는 종이다.

상록 교목, 암수한그루이며, 높이 50 m, 지름 1.5 m 정도이다. 겉씨식물의 전형적인 수형인 원뿔형 모습을 보여준다. 바늘잎이 5개씩 모여 나며, 길이 6~15 cm, 짙은 녹색에서 회녹색이다. 잣나무에 비해서 가늘고 부드러운 느낌을 준다. 잎 뒷면에 흰색 숨구멍줄이 있고 잎은 2~3년 후에 떨어진다.

암 생식 기관인 어린 종구는 5월에 새 가지 끝에 타원형이나 달걀형으로 달리고 이듬해 가을에 성숙한다. 길이는 7~20 cm로 좁고 긴 타원형으로서 잣나무의 종구와의 차이점을 보여준다. 성숙한 종구가 아래를 향해 매달리며 씨앗은 길이 5~6 mm 정도 이고, 씨앗보다 긴 날개(길이 1.8~2.5 cm)가 씨앗 정단에 달린다. 수 생식 기관인 소포자낭수는 길이 1~1.5 cm이며 달걀형이고 새 가지 밑에 여러 개가 모여난다.

아파트에 식재된 스트로브잣나무 전체 수형 　　　 흐른 수지가 하얗게 마름

[사진 5-3.45] 소나무과 소나무속 잣나무아속 스트로브잣나무(*Pinus strobus*) 1

우리나라 자생종인 잣나무나 섬잣나무보다 잎이 가늘고 부드러우며, 씨앗에 날개가 달린다는 점에서 다르다. 수피는 매끈하다가 성목 때 세로로 불규칙하게 갈라진다.

작년 가지 위 봄철 새 가지가 나오고 있음　　　　성숙한 종구는 밑으로 매달림　　　　성숙한 종구

종린 등쪽에 씨앗이 놓였던 자리가 2개씩 보임　　　　공원에 식재된 스트로브잣나무림

[사진 5-3.46] 소나무과 소나무속 잣나무아속 스트로브잣나무(*Pinus strobus*) 2

⑤ 강털소나무[*Pinus longaeva* D.K.Bailey]

강털소나무를 영어가 국어인 사람은 'the Great Basin bristlecone pine'이라고 흔히 부른다. 이 나무는 미국의 캘리포니아주, 네바다주, 그리고 유타주의 높은 산지에 사는 장수 소나무종이다. 자라는 여러 개체 중 '메두셀라Methuselah[17]'는 지구상에서 살아있는 가장 고령의 나무로서 거의 4천9백살 정도 된 것으로 여겨진다. 우리나라가 반만년 역사를 갖고 있으니 거의 맞먹는 시간인 것이다!

수고가 15 m까지 자라는 오엽송으로서 잎이 녹색인 상태로 45년 정도 달린 것도 있다니 놀라울 따름이다!

종구는 길이 약 10 cm정도까지 자라며, 종린에 난 돌기의 침이 거의 4~6 cm 정도까지 나오니 'bristle(뻣뻣한 털이나 강모)'이란 이름을 붙일 만한 것 같다. 씨앗의 정단부에는 1~2 cm 길이의 날개가 달리기 때문에 주로 바람에 의해 널리 산포되지만 일부는 새Clark's nutcrackers[18]가 종자산포를 돕기도 한다.

참고로, 최근의 조사에 의하면, 이 '강털소나무'보다도 더 장수하고 있는 나무로서 측백나무과의 '알레르세Alerce, 학명: *Fitzroya cupressoides* I.M.Johnst.'가 주목 받고 있고 있다. 세계 최고령 나무로 추정되는 칠레 남부의 알레르세 나무로서 5천484살로 추정되어 아마도 세계 최고령 나무일 수도 있겠다! 이 나무는 주로 칠레와 아르헨티나 남부 안데스 산악 지역에 서식하는 사이프러스의 일종으로 알려져 있다. 매우 느리게 성장해 보통 40~60 m까지 자라며 때로는 70 m까지 자라기도 한다고 한다.

한국에서는 만나기 어려워서 여기에서 다루지는 않지만, 여기 소나무아과에는 *Cathaya*(중국 남부에 서식), 미송속(*Pseudotsuga*; 북아메리카 서부, 아시아 동부 등에 서식)도 있다.

---

17 메두셀라(Methuselah): 구약성경의 인물로서 에녹의 아들이며 성경에 나오는 인물 중 가장 오래 산 사람으로 969살까지 살았다고 기록되어 있다.

18 북미 서부지역 산지에 사는 까마귀과의 새로서 잡식성이지만 소나무류의 씨앗을 주로 먹는다. 여름에는 땅에 씨앗을 묻어두었다가 그 장소를 기억해서 겨울에 찾아 먹는 것으로 알려져 있다.

5.3.2 측 백 나 무 과[Cupressaceae; Cypress or Redwood Family] ....

낙우송과와 측백나무과는 오랫동안 독립된 과로 분리되었다가 측백나무과 하나로 통합되었다. 우리나라에서 오래전에 출판된 도감 등 인쇄된 책을 보면 낙우송과와 측백나무과가 독립되어 기록되어 있고 여전히 금송[19]이 낙우송과에 속해 있는 것으로 기록되어 있으니 유의하기 바란다. 측백나무과는 주로 교목이지만 때로 관목으로 나타나기도 한다. 이 과에 속한 많은 종에서 목재와 잎에서 향기가 나고, 수피가 주로 섬유상이며, 성목은 세로로 길게 벗겨지거나 블록 모양을 형성하기도 한다. 낙엽성인 것도 있지만 대부분 상록성 잎이며 홑잎이다. 잎의 모양은 선형, 송곳형, 비늘형 등으로 다양하고, 생식 구조는 단성이며, 향나무속은 암수딴그루가 많지만 나머지는 주로 암수한그루이다. 소포자낭은 소포자엽의 아래쪽에 2~10개가 있다. 씨앗은 측백나무처럼 날개가 없거나 서양측백처럼 씨앗의 양 측면에 날개가 있다.

| 편백속(*Chamaecyparis* Spach)

상록 교목으로서 수피가 세로로 갈라지고, 주로 원뿔형 수형이며, 가지가 옆으로 자라고 1년지가 편평하다. 소나무속처럼 피톤치드의 주원료인 테르펜유가 있어 균이나 곰팡이로부터 스스로를 보호하고 산림욕 재료로 사용된다. 암수한그루이고, 수 생식 기관인 소포자낭수는 주로 달걀형으로 황색~갈색이며 때로 붉은색이다. 암 생식 기관인 종구는 둥글며 당년에 성숙하고, 종린은 6~12개, 방패형이며 가운데 돌기가 있다. 양 측면에 날개가 있는 편평한 2~5개의 씨앗이 있고, 발아하면 떡잎은 2개가 나온다.

① 편백(*Chamaecyparis obtusa* (Siebold & Zucc.) Endl.)

일본 혼슈 이남이 원산이며, 우리나라에서는 중부 이남의 많은 곳에 식재하여 한국인에게는 산림욕 수종으로 매우 친근한 나무가 되었다.

---

19 금송은 낙우송과에서 나와 금송과로 독립되었다.

[사진 5-3.47] 산림욕 편백숲

상록 교목, 암수한그루로서 높이 30 m, 지름 60 cm이고 적갈색 수피가 세로로 길게 벗겨진다. 비늘잎은 1.5 mm의 달걀형~마름모형이고 잎끝이 뭉뚝하다. 잎의 뒷면에 Y형의 하얀 숨구멍줄이 독특해서 구별하는 열쇠가 되기도 한다. 물론 잎이 마르면 기공조선이 잘 보이지 않게 된다.

암 생식 기관인 종구는 4월 가지 끝에 달리고, 10~11월에 지름 1~1.2 cm의 적갈색 구형으로 성숙하는데, 언뜻 보기에 배구공 모양처럼 보이기도 한다. 편백 종구에는 종린이 8~10개가 있고, 종린 사이에 2~5개 씨앗이 있다. 씨앗은 3~3.5 mm 정도이고 납작한 구형이다. 수 생식 기관인 소포자낭수는 길이 3 mm이고 타원형이며 붉은색이 도는 황색이고 가지 끝에 난다. 참고로, 잎 뒷면의 흰색 숨구멍줄이 화백은 W형이지만 편백은 Y형이고, 화백의 잎끝이 뾰족한 데 비해 편백은 뭉뚝하고, 편백의 종구는 화백보다 두 배 정도 크다.

A: 봄철 어린 종구	B: 성숙 중인 종구	C: 성숙한 종구
D: Y자형의 기공조선	E: 봄철 소포자낭수	F: 잎, 소포자낭수

[사진 5-3.48] 측백나무과 편백(*Chamaecyparis obtusa*)
C에서 방패형 종린 마다 가운데 돌기가 관찰되고, 편평한 씨앗들이 종린 사이사이에 살짝 보인다.
F에서 위쪽에는 수분직후 마른 소포자낭수가 남아있다.

② 화백(*Chamaecyparis pisifera* (Siebold & Zucc.) Endl.)

편백과 마찬가지로 화백도 역시 일본 혼슈 이남이 원산이며, 우리나라에서는 중부 이남에 식재하여 흔하게 만나볼 수 있는 종이다.

상록 교목, 암수한그루이고 높이 30 m, 지름 60 cm, 적갈색 수피이며 세로로 벗겨진다. 타원형 비늘잎이고 잎끝이 뾰족하다는 점에서 편백과 다르다. 따라서 손으로 잎들을 한꺼번에 쥐어보면 까끌까끌한 느낌이 난다. 잎 뒷면의 흰색 숨구멍줄이 W형으로 보이며 연미복의 나비모양 타이처럼 보이기도 한다.

[사진 5-3.49] 화백의 전체 수형

4월 어린 암 생식 기관인 종구가 가지 끝에 나서 9~10월 지름 6 mm의 갈색 구형으로 성숙한다. 편백 종구의 반절 크기 정도로 작은 종구이다. 종린이 10~12개가 있고, 종린 사이에 1~2개의 타원형 씨앗이 있고, 씨앗의 길이는 2 mm 이고 양쪽에 날개가 있다. 소포자낭수는 가지 끝에 3 mm 길이로 자갈색 타원형으로 달린다.

　참고로 화백과 비슷한데 가지가 가늘고 아래로 실처럼 처지는 화백의 재배종을 실화백^{C. pisifera 'Filifera'}이라고 하며 공원, 정원 등에 많이 식재한다. 화백과는 달리 잎의 모양 이 선형잎이고, 멀리서 볼 때 나무에 흰 서리가 내린 것처 럼 보이는 재배종을 서리화백^{C. pisifera 'Squarrosa'}이라고 한다.

W자형 또는 나비타이형 기공조선

성숙 중인 종구

성숙한 종구

성숙한 종구와 씨앗

양쪽에 날개 달린 씨앗

가지 끝에 달린 소포자낭수

[사진 5-3.50] 측백나무과 화백(*Chamaecyparis pisifera*)
위쪽 왼쪽사진에서 엽두가 뾰족한 인형 잎과 흰색 기공조선이 관찰된다.

실화백 수형   길게 늘어진 가지   가지 끝 어린 종구

성숙 중인 종구   성숙한 작년 종구와 올해 나온 소포자낭수가 달린 가지

[사진 5-3.51] 측백나무과 실화백(*Chamaecyparis pisifera* 'Filifera')

여러 그루의 서리화백

왼쪽: 소포자낭수, 선형의 잎에 2줄씩 흰 기공조선, 오른쪽에 어린 종구

새가지 끝부분 흰 기공조선으로 인해 흰 서리가 내린 듯 보인다.

성숙한 종구

[사진 5-3.52] 측백나무과 서리화백(*Chamaecyparis pisifera* 'Squarrosa')

| 삼나무속[*Cryptomeria* D. Don]

 이 삼나무속에는 '삼나무' 한 종만이 있다. 과거에 낙우송과에 속했으나 이제는 측백나무과로 통합되었다. 삼나무의 다양한 재배종이 식재되고 있다.

① 삼나무[*Cryptomeria japonica* (Thunb. ex L.f.) D.Don]

[사진 5-3.53] 공원 내 삼나무 식재림

 이 나무는 일본 혼슈 이남이 원산이고 우리나라에서는 제주 및 남부 지방 조림 수종으로 많이 식재되어 대단위 식재림 뿐만 아니라 주변의 공원 등지에서도 어렵지 않게 볼 수 있다.

 상록 교목, 암수한그루이고, 높이 50 m, 지름 2 m, 원뿔형 수형, 적갈색 수피가 세로로 길게 벗겨진다. 잎은 길이 1.2~2.5 cm의 약간 굽은 송곳형이다. 잎의 횡단면은 세모 또는 네모이다. 봄철에는 기공조선이 잘 관찰되나 그 외의 시기에는 기공조선 관찰이 어려울 수 있다.

 암 생식 기관인 종구는 3월에 1~6개가 나와 10월에 1.5~3 cm 길이로 갈색 구형으로 성숙한다. 종린에 술 모양 돌기가 돋는 것이 특징이고, 종린의 수는 20~30개 정도이다. 종린 사이에 2~6개 씨앗이 있으며, 씨앗의 양쪽에 좁은 날개가 관찰된다. 수 생식 기관인 소포자낭수는 황색으로 5~8 mm의 타원형이고 가지 끝에 여러 개가 모여 달리는 특징을 보인다.

성숙 중인 종구(적도상)

성숙한 종구(극상)

소포자낭수(앞부분은 수분기, 뒤 오른쪽은 수분기가 지난 후 마른 상태)

송곳형 잎

[사진 5-3.54] 측백나무과 삼나무(*Cryptomeria japonica*)
위쪽 왼쪽사진은 삼나무의 재배종(*C. japonica* 'Barrabit's Gold')

| 향나무속(*Juniperus* L.)

향나무속은 종구식물 중 소나무속 다음으로 큰 속이며, 우리나라가 속한 북반구에 주로 분포한다. 성숙한 종구는 육즙이 있어 비전공자인 일반인들에게 흔히 작은 '열매'로 오인되며, 새나 작은 포유류가 먹기 때문에 멀리까지 이동한다.

상록 교목 또는 관목이며, 수피가 세로로 갈라지는 특징이 있다. 잎이 바늘형인 노간주나무나 곱향나무를 제외하고, 향나무속 내 많은 종의 잎이 어린가지에는 송곳형, 묵은 가지에는 비늘형으로 나는 잎의 성장 변이가 있다.

생식 구조는 단성이고 암수딴그루(간혹 암수한그루)이다. 수나무의 수 생식 기관인 소포자낭수는 황색으로 긴 타원형이나 달걀형이고, 암나무의 어린 암 생식 기관인 종구에 3~8개의 종린이 있다. 종구가 성숙하면 육질이며 파란색이나 적갈색으로 된다. 종구에 1~12개 씨앗이 있으며 1~3년 걸려 성숙한다. 씨앗이 발아하는 데 2년 이상이 걸리고, 떡잎은 가끔 4~6개가 나오기도 하지만 주로 2개가 나온다.

① 향나무[*Juniperus chinensis* L.]
  향나무는 강원도와 경북의 암석 지대, 중국, 일본, 러시아, 미얀마 등에 분포한다.

| 향나무 송곳형 잎 | 나사백 송곳형과 인형 잎 | 향나무 소포자낭수 |

나사백 어린 종구 　　　　　　　나사백 성숙 중인 종구(종린 하나당 돌기가 한 개씩 보임)
[사진 5-3.55] 측백나무과 향나무(*Juniperus chinensis*)와 나사백(*J. chinensis* 'Kaizuka')

상록 교목 또는 관목, 암수딴그루(간혹 암수한그루)이고 높이 20 m, 지름 70 cm 정도로 자란다. 회갈색 수피가 세로로 얇게 벗겨진다. 어린 가지에서는 송곳형 잎(길이 5~10 mm)이, 묵은 가지에서 비늘잎(1.5 mm)이 관찰된다.

암 생식 기관인 종구(6개 종린)는 4월에 잎겨드랑이에 나와 이듬해 가을에 6~7 mm의 구형(흑자색)으로 성숙하고 표면에 흰색 분이 관찰된다. 종구는 3~6 mm의 달걀형이고 씨앗은 2~4개가 있다. 수 생식 기관인 소포자낭수는 길이 3~5 mm로 타원형이며, 노란색이다.

비교수종으로 눈향나무 *J. chinensis* L. var. *sargentii* A.Henry는 동북아시아에만 제한적으로 분포한다. 한국 한라산, 지리산, 설악산 등 고산 지대에 높이 50 cm로 줄기가 땅 위를 기어 자란다. 이런 특징을 살려 잡초 걱정 없는 녹색지대를 조성하기도 한다. 주변에 흔히 식재되어 있는 일본 원산 향나무 재배종으로 나사백(가이즈카향나무; *J. chinensis* 'Kaizuka')이 있으며, 가지가 나사처럼 꼬여 자라며, 송곳형 잎이 드문 편이다.

② 노간주나무[*Juniperus rigida* Siebold & Zucc.]

우리나라의 건조한 산지나 암석 지대에서 잘 자라는 편이며, 중국 중북부, 일본 등에 분포하는 것으로 알려져 있다.

[사진 5-3.56] 노간주나무 전체 수형(왼쪽)과 가지 마디마다 3개씩 난 바늘형 잎(오른쪽)

상록 교목 또는 관목, 암수딴그루(간혹 암수한그루), 높이 10 m, 지름 40~50 cm 정도이다. 원뿔형 수형을 이루며, 적갈색 수피가 세로로 갈라진다. 향나무속 다른 대부분의 식물과는 다르게 바늘잎이며 길이 1~2 cm이다. 잎이 마디에 3개씩 나며, 흰색 기공조선 홈이 있어 잎의 횡단면이 V자형을 이루는 특징이 있다.

암 생식 기관인 종구는 4월 정도에 2년지 잎겨드랑이에 나며, 종린은 3개 정도가 있다. 이듬해 가을에 6~9 mm의 구형(흑색)으로 성숙한다. 표면에 흰색 분이 관찰된다. 종구 당 씨앗 2~3개 정도가 있고 길이 4~5 mm의 타원형이다. 수 생식 기관인 소포자낭수는 길이 3~5 mm로 타원형이며, 황갈색이다.

A: 흰 홈이 있는 바늘형 잎   B: 성숙 중인 종구   C: B보다 조금 더 자란 종구

D: 어린 소포자낭수   E: D보다 좀 더 성숙한 소포자낭수   F: 수분기의 성숙한 소포자낭수

[사진 5-3.57] 측백나무과 노간주나무(*Juniperus rigida*)

| 메타세쿼이아속[*Metasequoia* Hu & W.C. Cheng]

우리는 이 속이 화석으로만 알려진 즉 지구상에서 멸종된 것으로 여겼다가 1940년대에 중국의 남-중앙 지역인 후베이와 후안의 습한 낮은 사면과 하천 계곡에서 이 종이 발견되었다. 따라서 살아있는 화석 식물종으로 잘 알려지게 된 것이다. 지금은 중국뿐만 아니라 지구의 북반구 온대에 많이 식재하며 우리나라에도 거의 전국에 식재되어 아주 친근한 나무가 되었다.

① 메타세쿼이아[*Metasequoia glyptostroboides* Hu & W.C.Cheng]

[사진 5-3.58] 메타세쿼이아의 원뿔형 수형

이 나무는 메타세쿼이아속에서 살아있는 유일한 종으로서 빨리 자라는 낙엽성 교목이다. 영어가 국어인 사람들은 이 나무를 'dawn redwood'이라고 부른다. 한국인은 이 식물의 학명 내 속명인 '메타세쿼이아*Metasequoia*'를 그대로 부르고 있으며, 여기서 '메타'는 '비슷한, 닮은'이란 의미로 '세쿼이아*Sequoia*[20]와 닮은'이란 뜻이다. 이 나무가 습한 지역 또는 하천 계곡 등에서 잘 자라기 때문에 '수삼나무'라고도 부르지만 자주 쓰는 이름은 아니다. 북한에서도 '수삼나무'라고 부른다.

낙엽 교목, 암수한그루이고 자생지에서는 높이 50 m, 지름 2.5 m까지 자란다고 한다. 적갈색 수피가 세로로 벗겨진다. 선형의 단엽이며, 길이 2 cm, 폭 1~2 mm 정도이고, 잔가지에서 단엽이 마주나기하고, 잔가지도 큰 가지에서 마주난다. 잎겨드랑이에 난 눈을 1년 중 특정 시기 외에는 관찰하기가 어렵기 때문에 일반인들이 엽

---

20 세쿼이아속의 많은 종이 멸종했고 현존하고 있는 종으로는 우리가 흔히 레드우드(Coast redwood)라고 부르는 미국 캘리포니아 해안에 자라고 있는 나무(*Sequoia sempervirens*)가 있다.

서를 깃꼴겹잎으로 오인하고 있는 때가 있는데, 유의할 필요가 있다.

[사진 5-3.59] 메타세쿼이아의 잎이 무성할 때(왼쪽)와 낙엽이 된 때(오른쪽) 비교

암 생식 기관인 종구는 3~4월에 1 cm 길이로 적녹색으로 나와 10~11월에 길이 1.4~2.5 cm 의 갈색 구형으로 성숙한다. 종구보다도 더 긴 자루(종구경) 끝에 달리는 특징이 있어 '낙우송'과 구분할 때 열쇠가 될 수 있다. 메타세쿼이아는 성숙해도 종구의 축에 종린이 붙어 있어 탈락하지 않는다는 점에서 식별할 때 도움이 된다. 낙우송의 종린은 탈락되기 때문이다. 납작한 씨앗은 길이는 4 mm 정도이고 양쪽에 날개가 있다. 수 생식 기관인 소포자낭수는 길이 3~5 mm이고 다수가 모여서 이삭처럼 아래로 매달리는 특징이 있다.

잔가지가 대생하고 있고, 가지에 난 단엽의 선형 잎이 대생하고 있다. 잎겨드랑이에 눈이 관찰되지 않는 시기이고, 수직 가지에 잎이 나지 않은 경우로서 일반인들이 흔히 깃꼴복엽으로 오인하는 지점이다.

가지에 대생하는 단엽의 선형 잎 배쪽면. 잎겨드랑이에 눈이 관찰되지 않는 시기이며, 잎 뒷면에 연녹색의 기공조선 2개의 띠가 관찰되고 있다.

[사진 5-3.60] 메타세쿼이아(*Metasequoia glyptostroboides*) 대생하는 잎과 가지 1

잔가지가 대생하고 있고, 가지에 난 단엽의 선형 잎이 대생하고 있다.
잎겨드랑이에 눈이 관찰되지 않는 시기이지만,
수직 가지에 잎이 난 경우로서 단엽임을 확인할 수 있다.

잎겨드랑이에 눈이 관찰되는 가지(왼쪽)와
잎겨드랑이에 눈이 관찰되지 않는 가지(오른쪽)의 비교

[사진 5-3.61] 메타세쿼이아(*Metasequoia glyptostroboides*) 대생하는 잎과 가지 2

잎겨드랑이에 난 눈이 소포자낭수로 분열을 시작하고 있다.

잎겨드랑에 눈이 관찰되는 시기로서
선형 단엽임을 증명하는 시기

눈이 소포자낭수로 분열을 시작하는 시기

[사진 5-3.62] 측백나무과 메타세쿼이아(*Metasequoia glyptostroboides*)의 눈

10월의 소포자낭수가 달린 가지　　　　　12월의 소포자낭수가 달린 가지

수분기 직후 소포자낭수 1　　　수분기 직후 소포자낭수 2　　　수분기 직후 소포자낭수 3

[사진 5-3.63] 측백나무과 메타세쿼이아(*Metasequoia glyptostroboides*) 소포자낭수

긴 종구 자루(종구경)가 있는 성숙한 종구

북극쪽에서 본 성숙한 종구

종린 등쪽에 씨앗(양쪽에 날개 관찰됨)

숲체험 활동의 예(종구를 이용한 팔찌)

[사진 5-3.64] 측백나무과 메타세쿼이아(*Metasequoia glyptostroboides*) 암 구조 종구와 씨앗

| 낙우송속[*Taxodium* Rich.]

이 속에는 3종 정도가 있으며, 속명은 '주목과 닮은'이란 의미이며, 현존하는 종들은 북미에서 자생하는 종들이다. 가장 오래된 화석으로는 이미 멸종이 된 종으로 백악기 층에서 발견되었다. 낙엽수*T. ascendens* Brongn.와 *T. distichum* (L.) Rich.는 북미의 남부에, 반상록에서 상록수인 나무*T. mucronatum* Ten.는 북부에 분포한다. 주로 물가에 자라는 나무들이라서 나무

주변에 기근[21]이 흔히 발달하는 특징이 있다. 기근의 모양이 종유석 모양인 것도 있지만, 무릎을 닮았기 때문에 영어로는 'cypress knee(슬근; 膝根)'라고 부르는 것도 흥미롭다.

종유석 모양의 기근   무릎모양의 기근
(낙우송 '펜덴스'; *T. distichum* 'Pendens')   (긴잎낙우송 '누탄스'; *T. distichum* var. *imbricatum* 'Nutans')

[사진 5-3.65] 측백나무과 낙우송속(*Taxodium*)의 다양한 기근

① 낙우송[*Taxodium distichum* (L.) Rich.]

　낙우송속의 몇 종중에서 한국에 들여와 공원수, 가로수 등으로 흔히 식재하는 이 나무는 북미의 남서부에 자생하는 종으로 주로 강을 따라 자란다. 영어로는 'bald cypress'라고 부르며, 한글 향명인 '낙우송落羽松'이란 이름은 '새의 깃털과 같은 잎이 떨어지는 소나무'라는 의미이지만, 사실은 호생하는 단엽의 선형 잎들이 잔가지에 붙어 있는 상태로 가지가 떨어지는 것이다!

21　기근(氣根; 공기뿌리): 나무의 원뿌리는 땅 속에 있고 뿌리의 일부가 땅 위로 나와 나무의 호흡을 돕거나 식물체를 지탱하기 좋게 해준다. 낙우송(落羽松)의 기근은 무릎(슬근; cypress knee)을 닮은 것 같기도 하고 종유석처럼 보이기도 한다. 이 슬근은 그 기능이 명확하지는 않지만 호흡을 위한 기근이라기보다는 연약한 지반에서 생존하기 위한 버팀목같은 역할을 하는 것 같다.

[사진 5-3.66] 낙우송의 원뿔형 수형(왼쪽: 잎이 무성할 때, 오른쪽: 낙엽이 된 후)

낙엽 교목, 암수한그루이고 높이 40 m, 지름 2~3 m 정도로 자라며, 나자식물의 전형적인 특징인 원뿔형 수형을 이루면서 자란다. 적갈색~회색 수피가 세로로 얇게 벗겨진다. 나무 주변에 흔히 땅 위로 나온 공기뿌리가 관찰된다. 선형의 단엽이 잔가지에 어긋나기 하며, 잔가지도 큰 가지에 어긋나기하는 특징이 있다. 메타세쿼이아와 마찬가지로 일반인들이 흔히 '깃꼴겹잎'으로 오인하지만 단엽이라는 것을 유의할 필요가 있다.

암 생식 기관인 종구는 3~4월에 녹색으로 어린 가지 끝에 여러 개가 나와 10~11월에 길이 2~4 cm의 갈색 구형으로 성숙하며, 종구경(자루)이 없다는 점에서 메타세쿼이아와 다르다. 성숙하면 종린이 종구축에서 떨어지기 때문에 흔히 바닥에 떨어지는 종구가 원형으로 남아있기 보다는 그 구조가 무너진 상태가 많다. 씨앗은 1.2~2.5 cm 길이로 불규칙한 삼각형이다. 수 생식 기관인 소포자낭수는 5~12 cm이고 다수의 소포자낭수가 처지는 이삭에 달리는 모습이다.

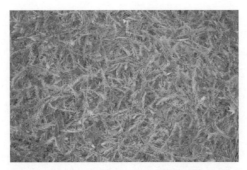

[사진 5-3.67] 바닥에 떨어진 낙우송의 잔가지와 잔가지에 달린 잎들

호생하고 있는 가지 1

호생하고 있는 가지 2

수평 가지에 호생하고 있는 선형 잎 뒷면에 2줄의 기공조선이 관찰된다.

[사진 5-3.68] 측백나무과 낙우송(*Taxodium distichum*)의 가지와 엽서
잎겨드랑이에 눈이 관찰되는 시기가 아니라 일반인들이 흔히 '깃꼴겹잎'으로 오인한다.

겉씨식물 바르게 알기, 앗! 은행이 열매가 아니라고?!

봄철의 어린 종구

여름철의 성숙 중인 종구(자루가 없음)

성숙직전의 종구(종린 일부 제거)

원형의 성숙한 종구

종린이 탈락하기 직전

종구 성숙 후 종린 일부가 탈락된 종구 1

종구 성숙 후 종린 일부가 탈락된 종구 2

종구 일부와 탈락된 종린과 씨앗들

[사진 5-3.69] 측백나무과 낙우송(*Taxodium distichum*)의 종구

낙엽 전의 엽서(긴 잔가지에 선형 잎이 호생)　　　소포자낭수

원뿔형의 수형　　　호생하는 기다란 잔가지들　　　성숙 중인 종구와 소포자낭수

[사진 5-3.70] 측백나무과 긴잎낙우송 '누탄스'(*T. distichum* var. *imbricatum* 'Nutans')[22]의
선형 잎, 호생 엽서, 소포자낭수

　　북미가 원산지이고, 낙우송만큼 우리 주변에서 자주 볼 수는 없지만, 한국에도 수목원 등에서 교육과 전시 목적으로 'Pond cypress(*T. ascendens* Brongn.)'를 식재하기도 한다.

22　한글향명인 '긴잎낙우송'은 사실 '긴가지낙우송'이 더 타당할 것 같다. 길게 뻗어 난 것은 잔가지이고, 가지에 난 잎이 긴 것은 아니기 때문이다.

메타세쿼이아 (잔가지가 대생) 　 메타세쿼이아(선형 잎이 대생) 　 낙우송(잔가지가 호생) 　 낙우송(잎이 호생)

메타세쿼이아(자루가 있는 종구, 종린이 종구축에 달림) 　 낙우송(자루가 없는 종구, 종린이 종구축에서 탈락됨)

[사진 5-3.71] 메타세쿼이아와 낙우송의 간단한 비교

[사진 5-3.72] 측백나무과 Pond cypress(*T. ascendens* Brongn.)
왼쪽에는 원뿔형 수형을 오른쪽에는 호생하는 가지를 관찰할 수 있다.

| 측백나무속[*Platycladus* Spach]

이 속은 하나의 종(측백나무)만을 가지고 있다. 오랫동안 서양측백이 있는 눈측백속*Thuja*
에 속했다가 지금의 측백나무속으로 바뀌었으며, 우리나라에서는 대구, 안동, 영양 등 석
회암이나 퇴적암 절벽에 자라고 중국, 러시아에 분포한다. 이제는 아시아 대륙의 다른 지
역에도 도입되어 그 지역에 귀화되었다. 속명인 '*Platycladus*'는 그리스어에서 기원하며
'넓거나 납작한 순(가지)'라는 의미를 가지고 있다.

① 측백나무[*Platycladus orientalis* (L.) Franco]

상록 교목, 암수한그루이고 높이 20 m, 지름 1 m, 갈색 수피가 세로로 갈라진다. 1년
지는 편평하고, 수직으로 갈피지다가 성목에서 그 특징이 다소 사라진다. 비늘잎이고 그
길이가 1~3 mm 정도이고, 숨구멍줄의 육안 관찰이 어려워 잎의 앞뒤 구별이 쉽지 않다.

[사진 5-3.73] 측백나무의 재배종인 황금측백
바깥쪽에 나는 가장자리 잎들이 봄철에 밝은 노란색이었다가 여름과 가을로 가면서 연두색이나 녹색으로 짙어지는 경향을 보인다.

암 생식 기관인 종구는 3~4월에 가지 끝에 나는데, 작은 별사탕처럼 보이기도 한다. 성
숙하면 1.5~3 cm로 적갈색이고 종린이 6개 이상 정도이고, 끝에 갈고리형 돌기가 있는
것이 특징이다. 돌기가 없는 서양측백의 종구와 구분할 수 있는 열쇠가 되기도 한다. 종
린 사이에 1~2개 씨앗이 있는데, 길이는 5~7 mm 정도이고 통통한 입체 타원형이고 날개
가 없다. 납작하고 좌우에 날개가 있는 서양측백의 씨앗과 구별할 수 있는 특징이다. 수
생식 기관인 소포자낭수는 길이가 2~3 mm이고 원형이며 황록색으로 가지 끝에 난다. 측

백나무의 재배종 중 '황금측백'은 가장자리의 잎들이 봄철에 노란 특징이 있고 우리나라에서는 흔히 정원, 공원, 묘지 가장자리 등에 많이 식재하는 편이다.

A: 인형 잎과 어린 종구

B: 어린 종구와 커가는 종구들

C: B보다 성숙

D: 종구가 갈라지기 시작

E: 성숙 후 갈라진 종구

F: 갈고리 모양의 돌기가 있는 종린

G: 타원형의 입체적 모양의 씨앗

[사진 5-3.74] 측백나무과 측백나무(*Platycladus orientalis*) 잎과 종구

어린 소포자낭수

가지 끝에 수분기의 성숙한 소포자낭수

소포자낭수흔

수분기가 끝난 소포자낭수

수분기 직후의 소포자낭수

[사진 5-3.75] 측백나무과 측백나무(*Platycladus orientalis*) 소포자낭수

| 눈측백속[*Thuja* L.]

이 속은 5개의 종이 있는데, 2종은 북미에 3종은 한국을 포함한 동아시아에 분포한다. 영어 향명으로 부를 때 'arborvitaes'라고 하는데 이는 라틴어 용어로 '생명의 나무'라는 의미를 가지고 있어 흥미롭다.

[사진 5-3.76] 서양측백 식재림

이 속에는 한국 자생종인 눈측백*Thuja koraiensis Nakai*이 있다. '누운측백', '누운측백나무', 또는 '찝빵나무'라고도 부르며, 북한에서도 '누운측백나무'라고 부르기도 하며 향기가 있기 때문에 '천리송', '측향나무', '향측백나무' 등 다양한 이름으로 부른다. 이 종은 학명의 종소명*koraiensis*에서 알 수 있듯 한국에서 나는 종이다. 중국(백두산)에서도 자란다. 우리나라 강원지역(태백산, 설악산, 함백산 등), 경기지역(화악산) 등 산지의 능선부 및 바위지대에 자생하는 종이기 때문에 일반인이 주변에서 흔히 관찰하기는 어렵다고 할 수 있다. 또한 이 종은 희귀수목으로서 취약종[23]으로 지정되어 있다. 영어 향명으로는 'Korean arborvitae'가 추천되고 있으며, 속명을 그대로 살려서 'Korean thuja'라고도 한다. 이 종은 관목 또는 소교목으로 자라서 수고가 10 m를 넘기기 어렵고, 인형 잎 아랫면은 숨구멍줄이 있어서 밝은 흰색으로 보인다.

① 서양측백[*Thuja occidentalis* L.]

서양측백은 북미 동부지역이 자생지이지만 여러 지역에서 관상수로서 널리 재배되고 있는 종이다. 따라서 공원이나 정원 등 우리 주변에서 흔히 만날 수 있는 종이 되었기 때문에, 한국인은 한국 자생종 눈측백은 잘 모르면서 서양측백은 자주 만나는 것이다. 이 종은 상록 교목, 암수한그루이고 높이 20 m, 지름 1 m 정도이다. 갈색 수피가 세로로 갈라지는 특징을 보인다. 비늘형 잎이, 가지 양면에 녹색으로 나며, 길이는 3~5 mm 정도이고 잎 배쪽abaxial면에 돋아진 선점 돌기가 측백나무에 비해 선명하게 잘 관찰된다. 참고로,

---

23 취약종(脆弱種, vulnerable species)은 국제자연보전연맹(IUCN)에서 생존위협과 번식환경이 개선되지 않으면 절멸위기에 빠질 가능성이 높다고 분류한 생물종을 이르는 말이다.

서양측백을 포함해서 인형 잎을 갖는 식물에서 우리가 보는 것은 잎의 배쪽abaxial면이다. 잎의 등쪽adaxial면은 가지에 붙어있어 볼 수 없고 배쪽면만 바깥쪽에서 보이기 때문이다.

배축면의 선점

[사진 5-3.77] 서양측백 인형 잎(화살표)과
배쪽(배축)면의 선점(동그라미 안)

서양측백의 암 생식 기관인 종구는 3~4월에 가지 끝에 나와서 가을에 9~14 mm 길이의 타원형으로 성숙한다. 종린에 돌기가 없어 밋밋하고, 종구 당 4개 정도의 납작한 타원형 씨앗이 있다. 씨앗의 양쪽에 날개가 있는 것이 측백나무의 씨앗과 다른 점이다. 수생식 기관인 소포자낭수는 2~3 mm 길이의 달걀형이고 황적색이고 가지 끝에 달린다.

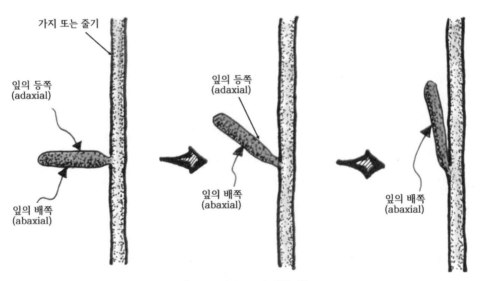

가지 또는 줄기

잎의 등쪽
(adaxial)

잎의 배쪽
(abaxial)

잎의 등쪽
(adaxial)

잎의 배쪽
(abaxial)

잎의 배쪽
(abaxial)

[그림 5-3.5] 잎의 등쪽과 배쪽(배축)
맨 왼쪽 그림처럼 잎이 가지에 달리는 경우는 대부분 피자식물이고, 등쪽과 배쪽을 다 볼 수 있다.
나자식물 인형 잎의 경우는 맨 오른쪽의 경우와 비슷한 상황이다. 즉, 바깥쪽에서 우리가 보는 쪽은 '배쪽'인 것이다.

[사진 5-3.78] 잎의 배쪽과 등쪽의 비교
왼쪽은 태산목(*Magnolia grandiflora*) 오른쪽은 백합나무(*Liriodendron tulipifera*)의 잎이다.

어린 종구 1 　　　　　　　　　　　　　　　어린 종구 2

성숙 후 갈라진 종구(종린에 돌기가 없음)

[사진 5-3.79] 측백나무과 서양측백(*Thuja occidentalis*) 종구

측백나무 종구
(종린 끝에 갈고리 돌기가 있는 종구)

측백나무 종구와 씨앗
(날개가 없는 씨앗)

서양측백 씨앗
(양쪽에 날개)

서양측백 종구
(종린 끝에 돌기 없음)

서양측백
(어린 나무에서도 가지가
세로로 갈피지지 않음)

측백
(어린 나무에서 가지가 세로로 갈피진다.)

[사진 5-3.80] 측백나무와 서양측백의 간단한 비교

5.3.3. 주 목 과[Taxaceae; Yew Family]

이 과는 상록 교목 또는 관목으로 나오는 과로서 목재에 수지구가 없는 편이다. 잎은 폭(너비)이 좀 있고 납작한 선형linear으로 단엽이며 대부분 나선상으로 배열된다. 하지만 자주 뒤틀리기 때문에 마치 이열배열 잎[24]으로 보인다. 잎가장자리(엽연)는 매끈해서 전

---

24 이열배열(2-ranked) 잎: 가지의 양쪽을 따라 각 1열씩 나는 잎 즉 두 줄로 배열하는 잎, 즉 모든 잎이 같은 평면에 있다. 느릅나무과의 느티나무가 좋은 예이다.

연이며 엽두는 뾰족하다.

[사진 5-3.81] 이열배열의 느티나무 잎(왼쪽)과 뒤틀려서 마치 이열배열처럼 보이는 주목 잎의 배열(오른쪽)

아주 드문 경우를 제외하고 주목과 식물은 암수딴그루로서, 수나무에 나는 수생식구조인 소포자낭수에는 4~14개의 소포자엽이 달려있고 소포자엽 당 소포자낭은 2~9개가 있다. 노란 가루(소포자)가 날리는 시기는 이른 봄으로 즉 이 때가 수분기인 것이다. 소나무과 소나무속의 것과는 달리 주목과의 소포자pollen에는 공기 주머니인 기낭이 없다. 암나무에 나는 암생식구조로서 종구는 없고 배주가 나는 것이 특징이다. 씨앗의 겉 층은 딱딱한 편이며, 육질이고 화려한 색깔의 가종피가 있다(Judd *et al.*, 2008). 주목속Taxus에서처럼 가종피가 씨앗의 일부분을 감싸기도 하고, 비자나무속Torreya에서처럼 가종피가 씨앗을 완전하게 감싸기도 한다. 종자 내 자엽은 주로 두 개이지만 한 개 또는 세 개로 나오기도 한다.

주목과의 종들은 대부분 북반구에서 나며, 과테말라Guatemala와 자바Java까지 나오며, 뉴칼레도니아New Caledonia에만 자생하는 1속 1종인 한 종Austrotaxus spicata이 있다. 주목과는 축축한 계곡부에서 자라는 경향이 있으며, 잎이 떨어져 계속해서 쌓이게 된다.

전 세계적으로 주목과에는 5속 20종이 있고 한국에서도 볼 수 있는 식물로는 주목속Taxus과 비자나무속Torreya이 대표적이라고 할 수 있다.

한국에서도 관상수, 정원수로 많이 식재하며, 북아메리카나 유럽에서는 좋은 목재 생산을 위해 심기도 한다.

주목과는 종구가 없이 씨앗이 달리는 특성을 가지고 있어서 종구식물Coniferales 중에서 독특한 분류군이다. 주목과에서 종자를 감싸는 가종피는 씨앗 아래에 있는 축이 성장하여 만들어진 것이다. 주목과는 사실 종구cone가 없기 때문에 학자에 따라서는 주목과를 종구식물목에서 제외시키기도 하지만, 배의 발생학, 목재 해부학, 화학, 잎과 소포자pollen의 형태 등의 측면에서 보았을 때 여전히 다른 종구식물과 한 그룹으로 보는 것이 타당하다고 할 수 있다(Judd et al., 2008).

① 비자나무(*Torreya nucifera* (L.) Siebold et Zucc.)

비자나무속에는 세 개의 종이 아시아와 미국에서 자라는데, 그 중 비자나무는 내장산, 백양산, 경남 남해군 삼동면, 전남 고흥군, 제주도에서 자라고 있다. 특히 제주시 비자숲길에 있는 '비자림'이 일반인에게도 많이 알려져 있고 이곳은 천연기념물 제374호로 지정해서 보호되고 있다. 비자나무는 수고 20 m 흉고직경 6 m까지 자라는 상록교목이다. 가지는 대생 또는 윤생하며, 잎은 비틀려서 두 줄로 배열되어 보이며, 길이 1~2 mm 정도의 짧은 엽병이 관찰된다. 부드러운 주목의 잎과는 달리 비자나무는 잎이 매우 딱딱하고 끝이 뾰족하여 따가운 느낌이 난다. 선형 잎이며, 잎 윗면이 짙은 녹색으로 윤채가 있고 윗면에서는 주맥을 관찰하기 어렵고 뒷면에서는 관찰할 수 있다. 뒷면에는 비교적 좁은 흰색의 두 숨구멍줄(기공조선)이 발달해 있다. 잎은 6~7년 정도 달려 있으며, 길이 2.5 cm, 너비 3 mm 정도로 난다.

비자나무는 자웅이주인데 간혹 자웅동주로 나기도 한다. 관상수로서 주목만큼은 가치가 덜 할지는 몰라도 목재와 씨앗의 기름은 아시아에서 가치가 상당히 높은 편이다. 소포자낭수는 엽액에 달리고 난상 원형~원통형이고 길이는 10 mm 내외이고 10개의 포로 싸여 있고 가지의 뒷면에 달린다. 소포자엽은 여러 개가 소포자낭수에 나선상으로 배열되며, 소포자엽에 소포자낭 세 개 정도가 달린다(Judd et al., 2008). 비자나무는 주목과의 전형적인 특징으로 종구 없이 배주가 달리며, 배주는 성숙하면 녹색의 종자로 익는다. 씨앗을 달고 있는 대는 없고 씨앗은 타원형이며 길이는 2.5~2.8 cm 정도이고 지름은 2 cm 정도이다. 씨앗은 두께가 3 mm 정도인 종의(가종피)에 완전하게 감싸져 있다. 예전에는 이 가종피를 제거한 종자로 기름을 짜거나 구충제로도 사용했다고 한다.

비자나무의 교목 성상   수분기의 성숙한 .소포자낭수

[사진 5-3.82] 주목과 비자나무(*Torreya nucifera*) 성상과 소포자낭수

수나무 엽액에 달린 수분기의 소포자낭수   암나무에 달린 씨앗

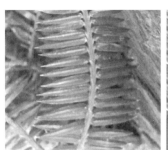

윤채가 나는 선형 잎 윗면(adaxial; 등쪽)과   잎 아랫면(abaxial; 배쪽)의 다소 좁은 흰
뽀족한 엽두   기공조선 두 줄이 보이고 짧은 잎자루가 관찰된다.

[사진 5-3.83] 주목과 비자나무(*Torreya nucifera*)

인편에 싸인 배주들

가지에 달린 씨앗들

씨앗 아랫부분

측면에서 본 씨앗

[사진 5-3.84] 주목과 비자나무(*Torreya nucifera*)의 배주와 씨앗

② 주목[*Taxus cuspidata* Siebold et Zucc.][25]

[사진 5-3.85] 주목의 전체 성상

한국에 생육하는 주목속에는 몇 가지의 종(주목, 눈주목, 설악눈주목, 회솔나무)이 있고, 학자에 따라 종의 견해 차이가 있다. 그 중 주목Rigid-branch yew은 높은 산 중턱 이상에서 자라며, 높이는 17 m이고 흉고직경은 3~5 m로 성장하는 상록교목이다. 가지는 옆으로 퍼지고 큰 가지는 적갈색이다. 동아는 난형이다. 주목의 잎에는 길이 1~2 mm 정도의 짧은 엽병이 관찰되며, 이 엽병은 페그Peg 상에 있다. 잎은 불규칙하게 두 줄로 배열되고 선형으로서 길이는 1.5~2.5 cm, 너비는 2~3 mm 정도이다. 엽두는 급첨두이지만 부드럽다. 잎의 윗면(등쪽)은 진한 초록색이고 잎의 뒷면(배쪽)에는 두 줄의 기공조선이 넓게 나오는데 연한 연두색이고 주맥은 앞면과 뒷면 양쪽에서 돋아져 있다. 잎은 2년에서 3년 정도 가지에 달려 있다.

25　주목의 분류학적 처리는 학자마다 차이가 있는데, 학명을 '*Taxus cuspidata* var. *cuspidata*'로 처리하기도 한다.

자웅이주로서 수나무의 소포자낭수 겉에는 6개의 인편이 있고 그 안에 소포자엽이 8~10개 정도가 나선상으로 배열하며, 소포자낭은 각각 8개 정도가 있다. 암나무의 배주는 10개 정도의 인편으로 부분적으로 싸여있고, 배주가 성숙하면 가종피가 붉게 익고 씨앗을 부분적으로 감싼다는 점에서 비자나무속과 다르다.

　주목은 응달진 곳에서 잘 자라는 편이며, 천근성이고 목재는 치밀한 편이다. 심재는 적색이고 변재는 좁고 수지구가 없고, 고급 가구재를 만들 때 사용한다. 충북 단양군 소백산 꼭대기에서 자라는 개체군이 천연기념물 제244호로 지정되어 있고, 한라산과 덕유산 꼭대기 부근에도 개체군이 있다. 주목의 잎, 줄기, 종자에 독성이 강한 알칼로이드(alkaloid; 식물 염기)인 택솔taxol이 함유되어 있는데, 이것은 세포분열을 강하게 억제하기 때문에 항암 화학요법 화합물로서 잠재적으로 사용된다(Judd *et al.*, 2016). 상업적 이용 가치가 높아서 주목은 CITES[26]에 '멸종위기종'으로 등재되어 있다.

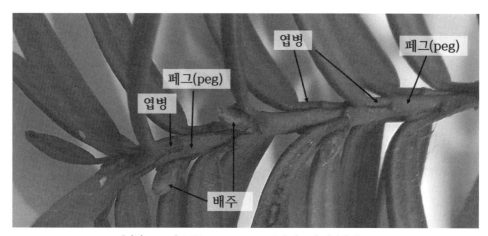

[사진 5-3.86] 주목(*Taxus cuspidata*)의 페그 상 엽병과 배주
잎이 이열배열이 아닌 것을 확인할 수 있다.

26　CITES(Convention on International Trade of Endangered Species): 멸종위기종의 국제거래에 관한 협약. 1973년에 채택되어 1975년 7월에 발효되었다. 한국은 1993년 6월에 가입했다.

엽액에 달린 어린 배주

주목의 선형 잎(배쪽면에 돋아진 주맥과 2개
의 넓은 띠로 보이는 기공조선)

주목의 선형 잎 등쪽면에 돋아진 주맥이
관찰되고 엽액에 성숙하고 있는 배주가
인편에 싸여있는 것이 보인다.

[사진 5-3.87] 주목과의 주목(*Taxus cuspidata*) 배주와 잎

주목의 성숙한 씨앗(가종피 안으로 함몰되어 있다)

주목의 소포자낭수

눈주목의 여러 갈래로 갈라진 줄기(하나의 중심 수간이 있는 주목과는 다름)

[사진 5-3.88] 주목의 생식구조와 눈주목의 줄기

③ 회솔나무[*Taxus cuspidata* Siebold et Zucc. var. *latifolia* (Pilg.) Nakai]

한국 울릉도에서만 한정적으로 자생하는 것으로 알려져 있고, 주목보다는 낮은 고도에서 자란다. 같은 속의 주목과 비교한 차이점은 아래 검색표에서도 보는 것처럼 잎의 너비가 0.3~0.4 cm 정도로서 주목보다 약간 넓다(약 1.4배). 회솔나무와 주목을 함께 놓고 비교하면, 회솔나무의 잎이 주목의 것보다 더 넓다는 것을 알 수 있지만, 따로 관찰할 때는 잎만으로는 회솔나무인 것을 식별해내는 것이 어려울 수 있다.

회솔나무도 역시 자웅이주이며 수분기는 4월이고 암나무에 종자가 8~9월이면 달리는데, 씨앗이 가종피 밖으로 돌출되어 있어, 가종피 안에 함몰되어 있는 주목과 다르다고 할 수 있다.

한국에서 생육하는 주목속의 식물들은 다음과 같은 계단형 검색표를 통해 구별할 수 있다.

> 1. 원줄기가 직립한다.
>   2. 잎의 폭 0.2~0.3 cm이다. 종자는 가종피 안에 함몰된다. ……………………………… 주목
>   2. 잎의 폭 0.3~0.4 cm이다. 종자는 가종피 바깥으로 돌출한다.……………………………회솔나무
> 1. 원줄기가 옆으로 퍼진다.
>   3. 원줄기가 하나이고 누운 밑가지에서 뿌리가 나온다. ……………………………… 설악눈주목
>   3. 원줄기가 여러 개로 갈라지고, 높이 자라지 않는다. ……………………………… 눈주목

5.3.4. 개 비 자 나 무 과[Cephalotaxaceae; Plum-yew Family] …………………………

이 과에는 한 개의 속인 개비자나무속*Cephalotaxus*만이 있고 11종 정도가 있다. 하지만 같은 종구식물목에 있는 주목과와 밀접하게 연관된 과로서, 최근 데이터에 의하면 하나의 독립된 과에서 주목과와 하나로 묶어야 한다는 의견이 있다. 개비자나무과는 동아시아에 자생하며 상록관목이거나 상록교목이고 한국에는 개비자나무가 있다. 잎의 모양은 선형이며 줄기에 나선형으로 나지만 뒤틀려서 가지 양쪽에 한 줄씩 즉 이열배열하는 것처럼 보인다. 잎의 뒷면에는 흰색으로 된 두 개의 기공조선이 발달되어 육안 관찰이 매우 용이

하다. 개비자나무과는 자웅이주이며 간혹 자웅동주로 나기도 한다. 종자는 타원형으로
생겼다. 씨앗이 육질 종의로 싸여 있기 때문에 일반인들은 핵과 열매라고 오인하기도 한
다. 영어로, 'plum-yew'라고 부르는 것도 이 씨앗이 마치 '자두(식용하는 장미과의 열매)' 비
슷하게 보이기 때문인 것 같다. 그러나 이것은 씨앗인 것을 인지해야 한다.

① 개비자나무[*Cephalotaxus harringtonii* (Knight ex J.Forbes) K.Koch]
　이 나무는 한국과 일본에서 나는 종으로 한국에서는 중남부지방의 산지 숲속에서 만날
수 있다. 큰 나무들 아래 음지에서도 잘 견디는 특징이 있다. 주로 상록 관목으로 나오지
만 소교목으로 나기도 한다. 소교목으로 나오는 것을 관목으로 나오는 것과 비교해서 '큰
개비자나무'라고 부르기도 했지만 '개비자나무' 한 종이다.
　개비자나무의 가지는 윤생하고 옆으로 퍼지는 편이며, 가지의 수^{pith}에 수지구가 있고,
동아의 아린이 떨어지지 않는 특징이 있다. 잎은 나선형으로 호생하지만 곁가지에서는
뒤틀려서 새의 깃처럼 두 줄로 배열된다. 잎은 4 cm 내외의 길이인데, 종자가 달리는 가
지의 잎 길이는 2~2.5 cm로 약간 짧은 경향이 있다. 수지구멍은 관속 밑에 한 개가 있
다. 잎은 주목과의 비자나무와는 달리 개비자나무는 양면의 주맥이 돋아져 있고, 뒷면
의 두 줄의 백색 기공조선은 주목과의 비자나무보다 개비자나무의 기공조선이 다소 넓
은 편이다.
　이 나무의 생식구조를 보면 자웅이주이지만 간혹 자웅동주로 나오기도 한다. 한국에
서 봄(4월 정도)에 소포자낭수가 엽액에 달리고 10개의 갈색 인편으로 싸여 있으며, 원형
으로서 지름이 5 mm 정도이고 가지의 아랫면에 배열된다. 어린 씨앗(배주)은 소지 끝에
두 개씩 달리고 10개 정도의 녹색 포로 싸여 있으며, 길이가 5 mm 정도이다. 씨앗은 익년
8~9월 즈음에 달린다. 씨앗은 길이가 17~18 mm이고, 육질상의 종의로 싸여 있고 붉게
되며, 단 맛이 난다. 하지만 여전히 이것은 씨앗(종자)이고 열매가 아님을 기억해야 한다.

[사진 5-3.89] 관목(왼쪽)과 소교목(오른쪽)의 개비자나무

주맥이 돋아져 있는 선형의 잎 앞면

흰 기공조선 2줄이 관찰되는 잎 뒷면

가지 아래 엽액에 달린 소포자낭수

확대한 소포자낭수

[사진 5-3.90] 개비자나무과 개비자나무(*Cephalotaxus harringtonii*) 잎과 소포자낭수

소지 끝 2개의 배주 · 가지에 달려 성숙 중인 씨앗

육질 종의를 가지고 있는 씨앗 · 성숙 후 종의가 제거된 씨앗

[사진 5-3.91] 개비자나무과 개비자나무(*Cephalotaxus harringtonii*) 암 생식 구조

5.3.5. 나 한 송 과[Podocarpaceae; Podocarp Family] ....

나한송과는 주로 남반구에 나는 나무이지만, 나한송속*Podocarpus*과 같은 몇 속은 북반구
에 분포하기도 한다. 나한송과의 식물은 열대나 아열대에 주로 분포하며 선선한 온대에

서는 드물게 나타난다. 주로 중습성^{中濕性} 지역의 숲 속에서 일반적으로 잘 자란다. 17속 정도에 170종 정도가 있는 나자식물로는 큰 과라고 할 수 있다.

상록 관목 또는 교목으로 자라며 수고가 높은 경우는 60 m 정도까지 자랄 수 있다. 약간의 수지가 있으며, 잎은 단엽으로 전연(거치가 없이 매끈함)이며 엽형은 매우 다양하지만, 주로 넓은 선형이며 최고 30 cm 정도의 길이에 너비는 5 cm까지 나오며, 인형의 잎으로 나오기도 한다. 잎은 상록성으로 호생한다. 우리나라에는 없지만, 이 과 안에는 *Nageia* 속의 경우처럼, 넓은 타원형의 잎을 갖는 나무들이 있다. 물론 이것은 한국에서 만나기 어려운 종이라서 한국인이 이 식물들의 잎을 본 순간, 무척 낯설게 느껴져서 '넓은 잎이네! 정말 나자식물 맞아?'라면서 놀랄 수도 있다. 나자식물이라고 해서 '소나무'처럼 잎이 모두 바늘잎은 아닌 것이다!

보통 자웅이주이지만 간혹 드물게 자웅동주로 나오기도 한다. 생식구조인 소포자낭수는 원통형이며, 많은 소포자엽이 나선상으로 달린다. 각 소포자엽에는 두 개의 소포자낭이 있다. 소포자는 보통 두 개의 기낭이 달려있는데, 기낭이 없거나 세 개가 있는 경우도 있다. 종구에는 배주가 달린 종린이 있는데, 종린의 수는 한 개에서 여러 개이며, 종린 당 배주는 한 개가 놓인다. 종린은 다소 축소되어 배주와 융합되어 육질 구조인 투피²⁷로 변형되었고, 성숙한 씨앗은 마치 피자식물의 장과처럼 보인다.

① 나한송[*Podocarpus macrophyllus* (Thunb.) D. Don]
중남부 중국, 일본, 대만, 미얀마 등지에 나고 한국에서는 가거도 등지의 전남 해안가 절벽에 몇 개의 개체가 자생하고 있어서 우리가 한국에서 만나는 것은 대부분 식재한 개체로 여겨진다(김태영과 김진석, 2018).

수고 약 20 m 정도까지 자랄 수 있으며, 잎은 넓은 선형 잎으로 호생하며 길이가 8~14 cm 정도이다. 주맥이 뚜렷하고 윗면(등쪽)이 짙은 녹색이며 광택이 있다.

---

27 epimatium; 투피(套皮): 나한송과 종자에서 주로 볼 수 있는 특수한 구조로서, 가종피가 아니라, 종구의 종린이 배주의 주피와 융합되어 발달하여 종자를 감싸게 되는 것이다.

[사진 5-3.92] 전정으로 정돈된 나한송(왼쪽; *Podocarpus macrophyllus*)과
전정하지 않은 나한송 재배종(오른쪽; *P. macrophyllus* 'Aureus')의 비교

암수딴그루이며, 수분하는 시기는 5~6월이고 엽액에 나는 소포자낭수는 길이 3 cm 정도로 길쭉한 원통형이다. 종구는 2년지 가지의 엽액에 하나씩 나온다. 종구의 종린이 축소해서 배주와 융합하기 때문에 배주가 성숙했을 때는 '종구'라기 보다는 달걀 형태의 '씨앗'이 관찰된다. 지름 1~1.5 cm 정도이고 10~12월에 성숙하는데, 표면에 백색 분으로 덮여있다. 씨앗의 밑에 달린 자루가 보통 육질이고 천연색으로 색감이 밝은 것이 특징이다.

[사진 5-3.93] 나한송과의 나한송 재배종(*Podocarpus macrophyllus* 'Aureus') 선형 잎

5.3.6. 금 송 과[Sciadopityaceae; Umbrella-pine Family]

금송과 식물은 개비자나무과와 더불어 아시아가 원산지이지만, 미국과 캐나다 등지에서도 재배되고 있다. 금송과에는 이미 멸종한 몇 개의 속이 화석으로 남아있고, 현존하는 종으로는 금송이 있다. 이 종은 일본에서 도입하여 한국에서도 공원이나 정원에 관상수로서 많이 식재되고 있는 종이다. 금송은 전통적으로 낙우송과Taxodiaceae에 포함되었던 분류군이었으나, 금송과로 독립되어 변경되었다(Hardin *et al.*, 2001; Judd *et al.*, 2008).

① 금송[*Sciadopitys verticillata* (Thunb.) Siebold et Zucc.]

[사진 5-3.94] 금송과
금송(*Sciadopitys verticillata*) 전체 수형

금송은 상록 교목으로서 수고가 12~40 m 정도로 자라며, 수피는 적갈색으로 세로로 얇게 벗겨진다. 잎은 윤채가 나고 녹색으로 약간 도톰한 선형이며, 엽두가 미요두로서 홈이 있고 뒷면에는 노란색의 기공조선이 발달되어 있어 '금송'이라는 향명으로 불리게 되었다. 하지만, 서양에서는 선형 잎이 가지에 윤생하여 마치 우산살처럼 배열되어서 그 특징에 따라 'umbrella-pine'이라고 부른다.

금송의 생식구조는 단성이며, 한국에서는 봄철인 3~4월에 소포자낭수와 종구 모두 한 개체에 달리는 암수한그루이다. 소포자낭수는 둥근 편이고 종구는 한두 개 정도가 가지의 끝에 달린다. 종구는 다음 해 가을인 10~11월에 성숙하며 곧추서는 특징을 보인다. 종린 윗부분이 젖혀져서 마치 두꺼운 입술 모양 같고, 종자는 8~10 mm 정도이고 가장자리에 좁은 날개가 있으며 한쪽 끝이 패여 있다.

우산살처럼 윤생하는 선형 잎

곧추서는 성숙한 종구들

종구의 정단부 근접

성숙한 종구 1

성숙한 종구 2

윗부분이 젖혀진 종린

[사진 5-3.95] 금송과 금송(*Sciadopitys verticillata*)의 잎과 종구

[사진 5-3.96] 금송과 금송(*Sciadopitys verticillata*)의 종구(위)와 씨앗(아래)

가지 끝에 나온 수분기의 소포자낭수

성숙중인 소포자낭수

성숙한 수분기의 소포자낭수

[사진 5-3.97] 금송과 금송(*Sciadopitys verticillata*)의 소포자낭수

부록

1. 겉씨식물의 바른 한국어 용어

바른 우리말 용어	그른 우리말 용어	국제 용어	의미
가종피(假種皮), 씨껍질	과피(果皮)	aril	씨앗 바깥의 껍질; 주로 밑씨의 자루나 외주피가 발달하여 만들어진다. 예) 주목, 비자나무
겉씨식물, 나자식물(裸子植物)	침엽수(針葉樹)	gymnosperm	겉씨식물에 속하는 식물
대포자수(大胞子穗), 자성포자수(雌性胞子穗), (암)종구, (자성)종구(雌性毬)	암꽃, 자화수(雌花穗), 암구과(毬果), 구화수(毬花穗), 구상화서(毬狀花序), 자화서(雌花序), 자화구화수(雌毬花穗)	ovulate strobilus, female cone, ovulate cone	암생식기관; 배주엽이 잎처럼 느슨하게 펼쳐지는 소철의 경우를 제외하고 주로 원뿔모양의 구조를 이룬다. 중앙 축을 중심으로, 밑씨가 달리는 조각(종린)이 나선형으로 촘촘하게 배열된다. 예) 자미과(소철목), 소나무과, 측백나무과
선형(線形) 잎, 선엽(線葉)	침엽(針葉)	linear leaf	잎이 납작하며 횡단면이 짧은 직선 모양이고, 잎의 길이가 폭보다 아리 배로 긴 잎 예) 주목과, 금송과, 솔송나무속
소포자(小胞子), 웅성배우자체(雄性配偶者體), 웅성배우체	화분(花粉)	pollen, male gametophyte	식물 생식기간 중 정자를 생산하는 세대, 해상은 반수체(n)
소포자낭(小胞子囊), 약낭	화분낭(花粉囊), 약(葯)	microsporangium, pollen sac	소포자를 생산하는 주머니
소포자낭수(小胞子囊穗), 소포자수(小胞子穗), 웅성포자수(雄性胞子穗)	수꽃, 웅화수(雄花穗), 웅성구화수(雄性毬花穗)	microsporangiate strobilus	수생식기관; 주로 원형 또는 원뿔모양이며, 중앙 축을 중심으로 소포자엽이나 소포자낭이 빼곡하게 배열된다.

바른 우리말 용어	그릇 우리말 용어	국제 용어	의미
소포자엽(小胞子葉)	약(葯)	microsporophyll	소포자낭수에서 소포자낭을 달고 있는 구조이다. 소나무속에서는 소포자낭수 속에 메달리며, 소포자엽 배쪽(아래부분)에 2개의 소포자낭이 있다.
속씨식물, 피자식물(被子植物)	활엽수(闊葉樹)	angiosperm	속씨식물에 속하는 식물
송곳형 잎	침엽(針葉)	subulate leaf	잎이 염두 쪽으로 서서히 뾰족해지는 송곳형 잎 예) 향나무의 어린 잎, 삼나무 잎
연목(軟木), 연재(軟材), 연질목재(軟質木材)	침엽수재(針葉樹材)	softwood	겉씨식물의 연질의 목질부
은행(銀杏), 은행나무 종자(씨앗)	은행나무 열매, 은행 핵과(核果)	ginkgo seed	암 은행나무에서 공기 중에 나출된 밑씨가 성숙해서 된 씨앗
인형(鱗形) 잎, 비늘잎	침엽(針葉)	scale-like leaf	서로 바짝 엽이붙어진 비늘모양의 작은 잎 예) 향나무의 어른 잎, 측백나무, 사양죽백
자웅동주(雌雄同株), 자웅일가(雌雄一家), 암수한그루	일가화(一家花)	monoecious	한 나무에 암과 수 생식기관이 함께 있는 경우 예) 소나무과
자웅이주(雌雄異株), 자웅이가(雌雄二家), 암수딴그루	이가화(二家花)	dioecious	한 나무에 암 또는 수 생식기관 하나만 있는 경우 예) 소철, 은행나무, 향나무류
종구(種毬)	열매, 구과(毬果)	cone	씨앗을 가지고 있는 원뿔형 또는 원형 암생식기관; 중앙 축을 중심으로 목질 또는 우질 종린이 달림. 예) 소나무 솔방울(어린 종구가 성숙한 경우임). *구과(毬果)는 공모양의 '열매'라는 이미지이므로 열매가 없는 겉씨식물 용어로 부적절함.

바른 우리말 용어	그른 우리말 용어	국제 용어	의미
종구식물(種毬植物), 종구식물목(種毬植物目), 송백류(松柏類)	구과식물(毬果植物), 구과식물목(毬果植物目), 침엽수(針葉樹)	conifers, Coniferales, coniferous plants	소철목, 은행목, 네타목을 제외한 겉씨식물의 큰 그룹(아라우카리아과, 개비자나무과, 측백나무과, 소나무과, 나한송과, 금송과, 주목과)
종구식물림(種毬植物林), 종구식물숲, 송백림(松柏林), 송백숲	침엽수림(針葉樹林)	coniferous forest	숲을 구성하는 식물 대부분이 종구식물인 경우
종린(種鱗)	실편(實片), 종린(種鱗)	cone scale, ovuliferous scale	종구 속에 달린 조각으로서 어릴 때는 낱개가 놓이고, 종구가 자람에 따라 낱개는 씨앗이 됨. *실편(實片)은 '열매(實)'라는 의미를 가지고 있어서 부적절함. 종린에서 '종을 種'으로 쓰는 것은 바르지 않음.
주병(珠柄), 배병(胚柄), 배주병(胚珠柄)	과경(果梗)	funiculus (funicle)	밑씨(배주)의 자루 예) 은행나무는 보통 한 자루에 밑씨 2개 달림.
포린(苞鱗), 포(苞)	포린(苞鱗)	bract, bract scale	소나무과에서는 종린 아래에 있는 조각(종린과 일체 떨어지거나 끝까지 달려 있기도 함)이며 측백나무과에서는 종린과 포린이 융합되어 있음.
포자수(胞子穗), 포자낭수(胞子囊穗)	꽃, 화수(花穗), 화서(花序)	strobilus, strobili(복수형)	원뿔 또는 원형의 생식기관으로서 중앙 축을 중심으로 암수에 따라 종린, 포자낭, 포자엽 등이 달려있음. 대포자수는 암기관이고, 소포자수는 수기관임.
경목(硬木), 경재(硬材), 경질목재(硬質木材)	활엽수재(闊葉樹材)	hardwood	속씨식물의 경질부 목질부

2. 한국에 생육하는 주요 겉씨식물의 특징 요약 (성은숙 외, 2021)

목	과	속		주요 종	특징
소철목	소철과	소철속		소철	암수딴그루, 상록수, 가지 없이 줄기 끝에 깃털형 잎이 모여 남, 자동성 정자.
은행나무목	은행나무과	은행나무속		은행나무	암수딴그루, 낙엽수, 부채형 잎, 자동성 정자, 자루에 주로 두 개의 씨앗이 매달림.
종구식물목 [conifers]		개이갈나무속		개이갈나무(히말라야시다)	암수한그루, 상록수, 침형(바늘형) 잎이 긴 가지에서는 하나씩 짧은 가지에서는 모여 남, 종구가 곧추섬.
		전나무속(젓나무속)		구상나무, 전나무, 일본전나무, 분비나무	암수한그루, 상록수, 선형잎, 종구가 곧추섬, 종구축에서 종린이 탈락되나 중립 포린이 줄기에 붙어있음.
		솔송솔송나무속		솔송솔송나무	암수한그루, 상록수, 선형잎.
	소나무과	가문비나무속		가문비나무, 종비나무, 독일가문비나무	암수한그루, 상록수, 대부분 실꽈 긁어지는 송곳형 잎, 종구가 밑으로 매달림.
		소나무속	소나무아속	소나무, 곰솔(해송), 반송	암수한그루, 상록수, 종린 밑 포린이 일찍 탈락함, 침형(바늘형) 잎이 잎집당 두 개에서 세 개(리기다소나무)가 남.
			잣나무아속	잣나무, 눈잣나무, 섬잣나무, 스트로브잣나무, 백송	암수한그루, 상록수, 종린 밑 포린이 일찍 탈락함, 침형잎이 잎집당 세 개(백송) 또는 다섯 개가 남.
		잎갈나무속		잎갈나무, 낙엽송(일본잎갈나무)	암수한그루, 낙엽수, 선형잎.
	측백나무과	나우송속		나우송	암수한그루, 낙엽수, 선형잎이 어긋남(호생), 잔가지 어긋남.
		메타세콰이아속		메타세콰이아	암수한그루, 낙엽수, 선형잎이 마주남(대생), 잔가지 마주남.
		삼나무속		삼나무	암수한그루, 상록수, 약간 굽은 송곳형 잎.
		측백속		측백나무	암수한그루, 상록수, 인형(비늘형) 잎, 종린 끝에 갈고리 돌기, 씨앗에 날개 없음.
		편백속		편백, 화백	암수한그루, 상록수, 인형잎.

목	과	속	주요 종	특징
종구식물목 [conifers]	측백나무과	눈측백속	서양측백, 눈측백	암수한그루, 상록수, 인형잎
		향나무속	향나무, 눈향나무, 연필향나무, 노간주나무, 나사백	주로 암수딴그루, 상록수, 어린 잎은 송곳형, 어른 잎은 인형, 노간주는 침형잎.
	금송과	금송속	금송	암수한그루, 상록수, 도톰한 선형잎.
	나한송과	나한송속	나한송	주로 암수딴그루, 상록수, 넓은 선형잎이 어긋남, 씨앗이 매달림.
	개비자나무과	개비자나무속	개비자나무	암수딴그루, 상록수, 주로 관목성, 씨앗이 매달림.
	주목과	주목속	주목, 회솔나무, 눈주목	암수딴그루, 상록수, 육질 씨껍질에 부분적으로 감싸인 씨앗이 매달림.
		비자나무속	비자나무	암수딴그루, 상록수, 육질 씨껍질에 완전히 감싸인 씨앗이 매달림.

참고문헌

국립수목원. 2011. 한국의 재배식물-조경·화훼식물을 중심으로. 리드릭.

국립수목원. 2016. 국가표준재배식물목록(개정). 종합기획 숨은길.

국립수목원. 2017. 국가표준식물목록(개정판). 삼성애드컴.

김태영, 김진석. 2018. 한국의 나무. 돌베개.

성은숙. 2018. 나자식물의 바른 한국어 용어 사용에 대한 제언. 한국산림과학회지. 107(2):126-139.

성은숙. 2019. 한국 수목의 이해. 전북대학교 출판문화원.

성은숙, 손동찬, 유소영, 이동혁, 조용찬, 허태임. 2021. 고등학교 기초 수목학. 교육출판 세종.

이규배. 2014. 나자식물이 꽃피는 식물로 인식되고 있는 잘못된 관행의 분석. 한국식물분류학회지. 44(4): 88-297.

Cronquist, A. 1982. Basic Botany. 2nd ed. Harper & Row.

Hardin, J., D. Leopold & F. White. 2001. Harlow & Harrar's Textbook of Dendrology. 9th ed. McGraw-Hill.

Harley, M. M., U. Song and H. Banks. 2005. Pollen morphology and systematics of Burseraceae. Grana 44:282-299.

Judd, W., C. Campbell, E. Kellogg, P. Stevens & M. Donoghue. 2008. Plant Systematics: A Phylogenetic Approach. 3rd ed. Sinauer Ass. Inc.

Judd, W., C. Campbell, E. Kellogg, P. Stevens & M. Donoghue. 2016. Plant Systematics: A Phylogenetic Approach. 4th ed. Sinauer Ass. Inc.

Song, U. and K.-H. Kim. 1999. A Contribution to the Pollen Morphology of *Indigofera* (Fabaceae) in Korea. J. of Korean Forestry Soc. 88(2):213-220.

겉씨식물 바르게 알기
: 앗! 은행이 열매가 아니라고?!

지은이 성은숙
펴낸이 양오봉
펴낸곳 전북대학교출판문화원

초판 1쇄 인쇄 2024. 1. 5
초판 1쇄 발행 2024. 1. 10

전북대학교출판문화원 전라북도 전주시 완산구 어진길 32 (풍남동2가)
전화 (063) 219-5319~5322
FAX (063) 219-5323
출판등록 2012년 8월 20일 제465-2012-000021호

값 19,000원

ISBN 979-11-6372-218-2   93480